Rudolf E. J. Lampe

SATURNIIDAE

of the World

Pfauenspinner der Welt

Rudolf E. J. Lampe

SATURNIIDAE
of the World
Pfauenspinner der Welt

Their Life Stages from the Eggs to the Adults

Ihre Entwicklungsstadien vom Ei zum Falter

Verlag Dr. Friedrich Pfeil
München, März 2010 · ISBN 978-3-89937-084-3

Bibliographische Information der Deutschen Nationalbibliothek

Die Deutsche Nationalbibliothek verzeichnet diese Publikation in der deutschen Nationalbibliografie; Detaillierte bibliografische Daten sind im Internet unter http://dnb.d-nb.de abrufbar.

Gesamtherstellung: Verlag Dr. Friedrich Pfeil, München

ISBN 978-3-89937-084-3

Printed in the European Union

Verlag Dr. Friedrich Pfeil, Wolfratshauser Straße 27, D-81379 München, Germany

phone: +49 89 742827-0 • fax: +49 89 7242772

e-mail: info@pfeil-verlag.de

www.pfeil-verlag.de

Foreword

In the course of decades of intense involvement with the saturniid family of moths (Saturniidae), it was possible to develop an extensive collection of representatives. They are commonly known as emperor or giant silk moths. Examples include the peacock and night peacock silk moths, whose wings are marked by "eyespots". In particular, I was able to study hundreds of varieties, some of them unique, and photographically document their metamorphosis from egg through larva and pupa to the adult moth with about 5,500 transparencies.

A world-wide network of contacts and communications with friends and biologists active in entomology has always been a great help to me in this work. Consequently, I feel really obligated to the experts in entomology and particularly so to those little-recognized nature lovers who have contributed to our knowledge of the continuing environmental changes that endanger Nature as depicted in this volume of photographs.

Sadly, we of the older generation must acknowledge that because of social changes, the capacity of younger generations to enjoy and appreciate Nature has diminished. Therefore, I sincerely urge parents, grandparents and teachers to inculcate such interests in their children, grandchildren and pupils through books and films, by visits to zoos and museums, and in hiking through field and forest. Thank you.

Friedrich von Schiller has already expressed the idea, *"... that the educated man should make a friend of Nature"*.

Rudolf E. J. Lampe
Nuremberg, January 2010

Vorwort

Durch jahrzehntelange intensive Beschäftigung mit der Nachtfalterfamilie der Saturniiden (Saturniidae), auch Augenspinner, Seidenspinner, Pfauenspinner, Nachtpfauenaugen, emperor-moths (engl.) genannt, konnte ich eine umfangreiche Faltersammlung aufbauen. Speziell gelang es mir, hunderte, teils einmalige Zuchten durchzuführen und die verschiedenen Entwicklungsstadien vom Ei über die Raupen und Puppen bis hin zum Falter fotografisch (mit ca. 5500 Dias) zu dokumentieren.

Viele weltweite Kontakte und Gespräche mit entomologisch tätigen Freunden und Biologen waren mir dabei stets eine große Hilfe. Deshalb fühle ich mich geradezu verpflichtet, Ihnen, den entomologischen Experten, aber vor allem auch den Naturfreunden, diesen weitgehend unbekannten, aber sehr interessanten Teil unserer durch ständige Umweltveränderungen gefährdeten Natur in diesem Bildband vorzustellen.

Leider müssen wir Älteren mit großem Bedauern feststellen, dass durch die gesellschaftlichen Veränderungen bei den nachfolgenden Generationen die Freude an der Natur weiter abnimmt. Daher bitte ich die Eltern, Großeltern, Lehrerinnen und Lehrer herzlich, Kindern, Enkeln und Schülern dieses Interesse immer wieder mit Büchern, Filmen, Museums- und Tiergartenbesuchen und Wanderungen in Wald und Flur nahezubringen. Danke.

Betonte doch schon Friedrich von Schiller, *»... dass sich der gebildete Mensch die Natur zum Freund machen solle«*!

Rudolf E. J. Lampe
Nürnberg, Januar 2010

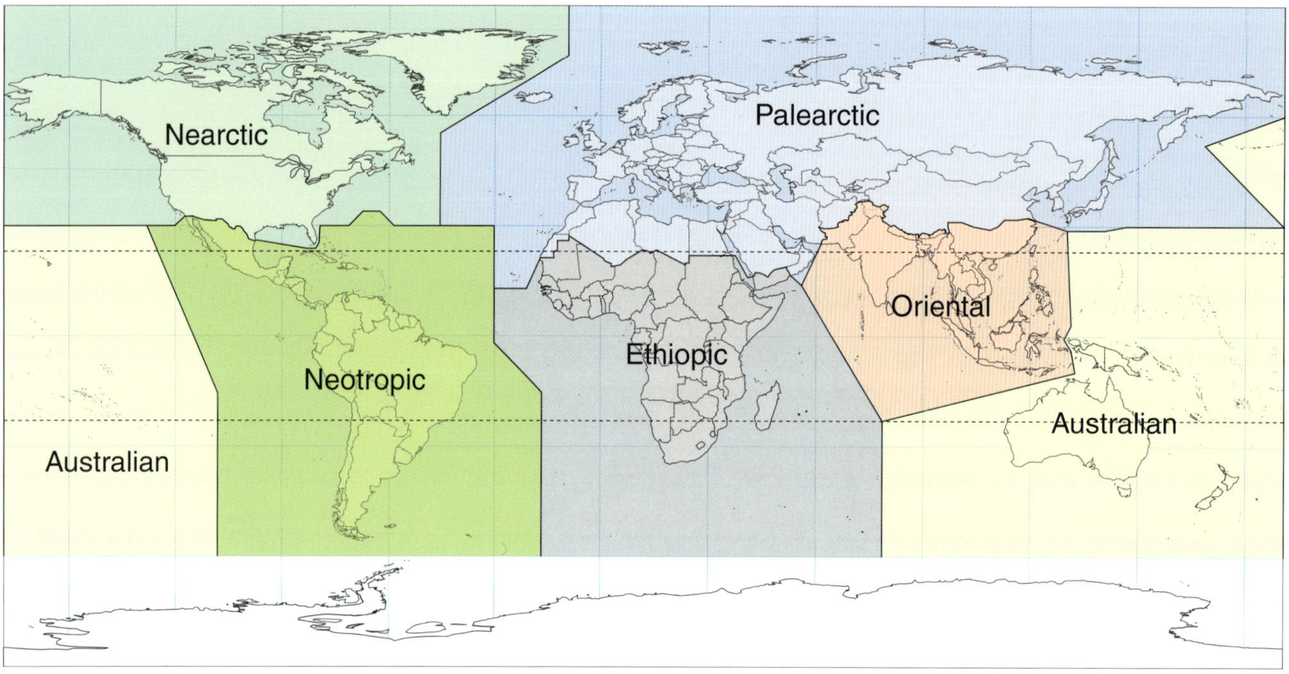

Figure 1. The faunal regions of the world. – After J. B. Heppner, 1993.

Abbildung 1. Die Faunenregionen. – Nach J. B. Heppner, 1993.

The Family Saturniidae

The Saturniidae, with a world-wide distribution, is phylogenetically one of the oldest families of the Lepidoptera. At present, approximately 1,400 species have been described. The largest concentrations of saturniid moths lie in the tropical regions of the Americas and Africa, while there are merely ten species native to Europe. The presentation of the Saturniidae in this book follows the divisions of the world's faunal regions as shown in Figure 1 (after J. B. Heppner, 1993).

The saturniid *Attacus atlas* has the largest wing area of any moth. Some species are conspicuous by the magnificence of their coloration and the large size of their wings. Examples of this include *Attacus atlas* in Asia and *Imbrasia deyrollei* in Africa. There are also species that have long, thin extensions to their hind wings. The majority of species have wingspans from 2.5 to 15 cm. *Attacus atlas* reaches 30 cm. Regarding the exact size of moths, I refer to the texts of Claude Lemaire and Bernard d'Abrera, published by Bauer-Verlag (Goecke and Evers, Keltern).

With exceptions, one may predict that saturniids around the world will inhabit gallery forests and open savannah landscapes with scrub and groves of trees. There are, for example, more species in East Africa than exist in the western rainforests. Although one is likely to find saturniids on the outskirts of cities, they may also be encountered within cities, depending on the availability of the appropriate edible plants. Some years ago, an Argentine entomologist informed me that the small *Hylesia nigricans* had denuded the trees along the avenues of the capital, Buenos Aires.

Especially in the tropics, saturniids are nocturnal, and many fly only after midnight. However, in the northern and southern portions of their regions, males will be found that fly by day.

Adult saturniids may be recognized by their large, robust bodies covered in hair-like scales, the degenerate state of their mouth parts, and their small heads. An important character occurs only in certain genera, but is especially common in Africa. This is a colorful, encircled spot on the wing that looks like an eye. In some varieties, there is a section of wing that lacks the covering of scales, presenting the appearance of a small, transparent window. Such conspicuous "eyespots" are thought to frighten off predators, such as bats, birds, reptiles and amphibians. Color patterns that make a moth look like a wilted leaf and similar forms of mimicry also provide protection. The considerable size of many species can also defend them against predators. Certain species conceal themselves within networks of tree roots, or on old leaves, or even on the ground.

Although the wings lack a frenulum, the overlapping of the fore- and hind wings makes them function as if they were attached to each other. Dimorphism strongly differentiates the sexes. In most species, the antennae of males are noticeably broader and longer than those of females.

The life of the adult moths is quite short, since they do not take nourishment. As I have myself observed, the males typically die after mating, while the females persist for a few days longer because of the necessity of laying eggs.

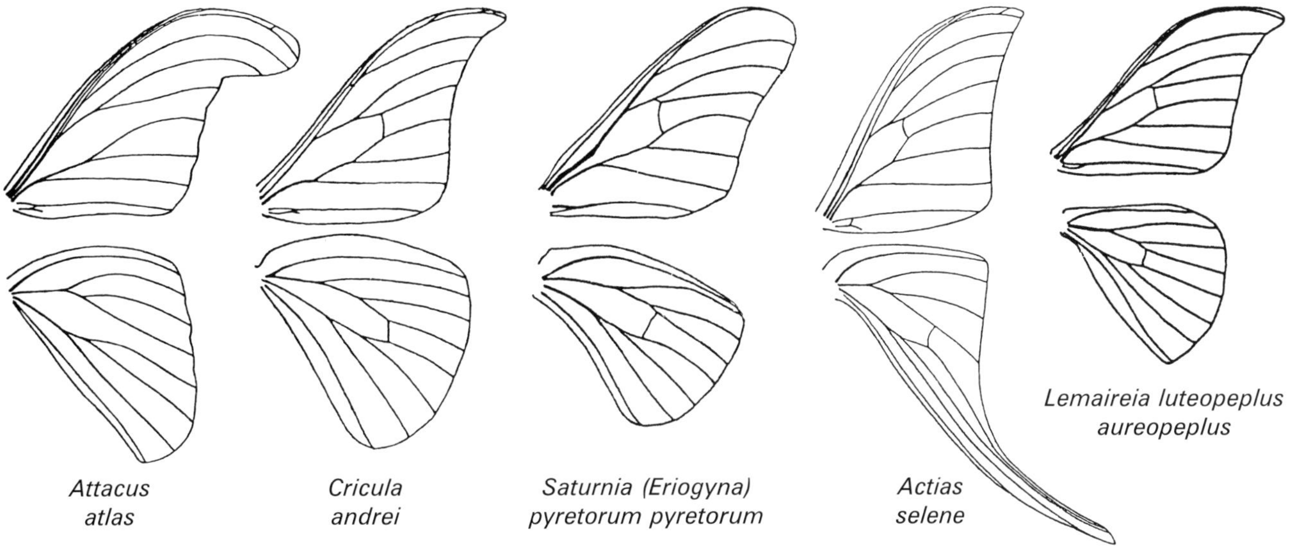

Figure 2. The form and venation of saturniid wings from the oriental faunal region.

Abbildung 2. Form und Geäderstruktur einiger Saturniidenflügel aus der orientalischen Faunenregion.

Many species of the genera *Antheraea*, *Attacus* and *Samia* (Oriental Region) construct the cocoons with so many threads that they may be useful for the production of silk. In contrast to these few varieties, many members of the Saturniidae in the Australian, Oriental, and Palaearctic Regions spin no cocoon at all and pupate exposed in the soil. This is largely the case in Africa and to a lesser extent in South America.

Die Familie Saturniidae

Pfauenspinner, Saturniidae, sind eine über alle Erdteile verbreitete, stammesgeschichtlich sehr alte Familie der Schmetterlinge. Bisher wurden weltweit rund 1400 Arten beschrieben. Den größten Artenreichtum erreichen die Saturniidae in den tropischen Gebieten Amerikas und Afrikas, während in Europa lediglich zehn Arten beheimatet sind. Die Aufteilung der Saturniidae in diesem Buch erfolgt nach den sechs in Abb. 1 abgebildeten Weltregionen (nach J. B. Heppner, 1993).

Zu den Saturniidae gehört der Schmetterling mit der größten Flügelfläche *Attacus atlas*. Es gibt auffallend farbenprächtige Arten mit sehr großen Flügelflächen, wie zum Beispiel *Attacus atlas* in Asien oder *Imbrasia deyrollei* in Afrika und Arten mit langen dünnen Hinterflügelfortsätzen. Die meisten Arten haben Flügelspannweiten von 2,5 bis 15 Zentimetern, *Attacus atlas* erreicht 30 Zentimeter. Bezüglich der genauen Größe der Falter verweise ich auf die im Bauer-Verlag (Goecke & Evers, Keltern) erschienenen Fachbücher von Claude Lemaire und Bernard d'Abrera.

Von Ausnahmen abgesehen sind die Saturniiden weltweit Bewohner von Galeriewäldern und offenen Savannenlandschaften mit Buschwerk und Baumgruppen. So gibt es zum Beispiel in Afrika im Osten mehr Arten als in den westlicheren Regenwäldern. Aber auch am Rande der Städte oder in den Städten selbst trifft man auf Saturniiden, falls entsprechende Fraßpflanzen vorhanden sind. So berichtete mir vor Jahren ein argentinischer Entomologe, dass die Raupen der kleinen *Hylesia nigricans* die Bäume der Alleen der Hauptstadt Buenos Aires kahlfraßen.

Besonders in den Tropen sind die Saturniiden Nachttiere; manche fliegen erst nach Mitternacht. Im Norden und Süden der Regionen kommen auch tagfliegende Männchen vor.

Kennzeichen erwachsener Saturniidae sind die robusten und großen Körper, die mit haarähnlichen Schuppen bedeckt sind, verkümmerte Mundwerkzeuge und kleine Köpfe. Ein wichtiges Merkmal stellen zudem die nur bei bestimmten Gattungen, besonders aber in Afrika vorhandenen, zum Teil buntgeringten Augenflecke, teils mit transparenten Fensterchen. Eine auffallende Färbung schreckt Feinde wie Fledermäuse, Vögel, Reptilien und Amphibien ab. Es gibt aber auch Schutzfarben, die (welke) Blätter und ähnliches vortäuschen. Die erhebliche Größe mancher Arten kann ebenfalls vor Feinden schützen. Bestimmte Arten verbergen sich am Wurzelwerk der Bäume, an alten Blättern oder sogar am Boden.

Die Flügel besitzen kein Frenulum, aber die Überlappung der Vorder- und Hinterflügel bewirkt ebenfalls eine Koppelung. Sexualdimorphismus ist unterschiedlich stark ausgeprägt. Meist sind die Antennen der Männchen breiter und länger als die der Weibchen.

Das Leben der erwachsenen Saturniiden ist sehr kurz, da keine Nahrungsaufnahme stattfindet. Die Männchen sterben, wie von mir selbst beobachtet, oft bald nach der Begattung, die Weibchen wegen der Eiablage jedoch erst einige Tage später.

Mehrere Arten der Gattungen *Antheraea*, *Attacus* und *Samia* (orientalische Region) bauen ihre Kokons mit so vielen Gespinstfäden, dass diese für Seidenzuchten nutzbar gemacht werden können. Wie Sie den einzelnen Zuchthinweisen entnehmen können, spinnen im Gegensatz zu den Saturniiden der australischen, orientalischen und palaearktischen Regionen viele überhaupt keinen Kokon, sondern verpuppen sich frei in der Erde, besonders in Afrika, teils auch in Südamerika.

The Egg

The egg is the first stage in the development of the moth. As a rule, the female saturniid lays her eggs in small clusters on leaves, twigs or branches. The egg is covered with a firm to hard shell that has a small opening which allows sperm to penetrate. Depending on the species, the egg may be ovoid, spherical or conical. They are generally 1-3 mm long and 0.6-2.7 mm wide and high.

Their smooth surface may be glossy or matte. Under the microscope it is possible to detect unusual structures. Eggs may be whitish, partly yellow, yellow ochre to brown, green to brownish beige, or brown to dusty gray. Not infrequently, they may be stained with a brown secretion. It is possible to observe the development of the embryo of many species through the thin-walled shell of the egg.

I have observed that the period from the laying of the egg to the hatching of the larva may extend from about eight days to six weeks, because weather conditions such as temperature, humidity, etc. strongly influence development. Certain species from higher altitudes lay their eggs in summer or fall, which then overwinter. Not until spring, the does the larva bite through the egg shell, and in many cases it consumes most of the shell.

Das Ei

Das Ei, die erste Entwicklungsstufe auf dem Weg zum Falter, wird von den Saturniidenweibchen in der Regel häufchenweise an Blättern, Zweigen und Ästen abgelegt. Die Eischale ist eine feste bis harte Hülle. Durch eine Öffnung können die Spermien eindringen. Die Eier sind je nach Art oval bis kugelig oder konisch, ca. 1-3 Millimeter lang und 0,6 bis 2,7 Millimeter breit bzw. hoch.

Sie haben eine glatte und glänzende oder matte Oberfläche. Unter dem Mikroskop kann man teils außergewöhnliche Strukturen erkennen. In der Regel sind die Eier weißlich, elfenbeinfarben, teils auch gelb, ockergelb bis -braun, grün- bis braunbeige, braun bis staubgrau eingefärbt, nicht selten mit bräunlichem Haftsekret befleckt. Bei manchen Arten ist die Entwicklung der Räupchen durch die dünnwandige Eischale zu beobachten.

Von der Eiablage bis zum Schlupf der Raupen habe ich einen Zeitraum von ca. 8 Tagen bis 4-6 Wochen festgestellt, wobei Witterungsverhältnisse wie Temperatur, Luftfeuchte etc. eine große Rolle spielen. Bei bestimmten Arten, meist aus höheren Regionen, überwintern die im Sommer oder Herbst gelegten Eier und die Räupchen durchbeißen die Eihülle, die bei vielen Arten fast vollständig aufgefressen wird, erst im Frühjahr.

The Larval Stages

The fully developed larvae (caterpillars) of the Saturniidae are large (50-100 mm), compact cylinders. The species vary considerably in shapes, sizes and colors. Although the larvae of some species have smooth skins, the majority are studded with tubercles that frequently bear spines or hairs. Many display bland colors or camouflage patterns as defence against predators. Then again, others will be brilliantly colorful. Some larvae bear sharp, stinging spines or hairs. Most varieties go through the larval stages as solitary individuals, but others may congregate in large numbers. As a rule, larvae nourish themselves on the leaves of shrubs and trees. A few, like *Automeris louisiana* and *A. patagonensis* eat grasses. They molt four or six times at regular intervals before reaching the pupa stage.

Die Larvenstadien (Raupen)

Die ausgewachsenen Larven oder Raupen der Saturniidae sind groß (50 bis 100 Millimeter) gedrungen zylinderförmig. Sie variieren stark in Form, Größe und Farbe. Es gibt auch glatte Raupen, aber die meisten haben Tuberkel, die häufig stachelig oder haarig sind. Viele sind in ihrer Färbung zurückhaltend oder zeigen Tarnfarben, um sich vor Feinden zu schützen, aber andere sind sehr farbenprächtig. Einige haben stechende Haare. Die meisten leben als Einzelgänger, aber andere wiederum sind gesellig. Die meisten Larven ernähren sich vom Laub der Bäume und Sträuche, einige, wie *Automeris louisiana* und *A. patagonensis* fressen Gräser. Sie häuten sich in regelmäßigen Abständen, normalerweise vier bis sechsmal, bevor sie das Puppenstadium erreichen.

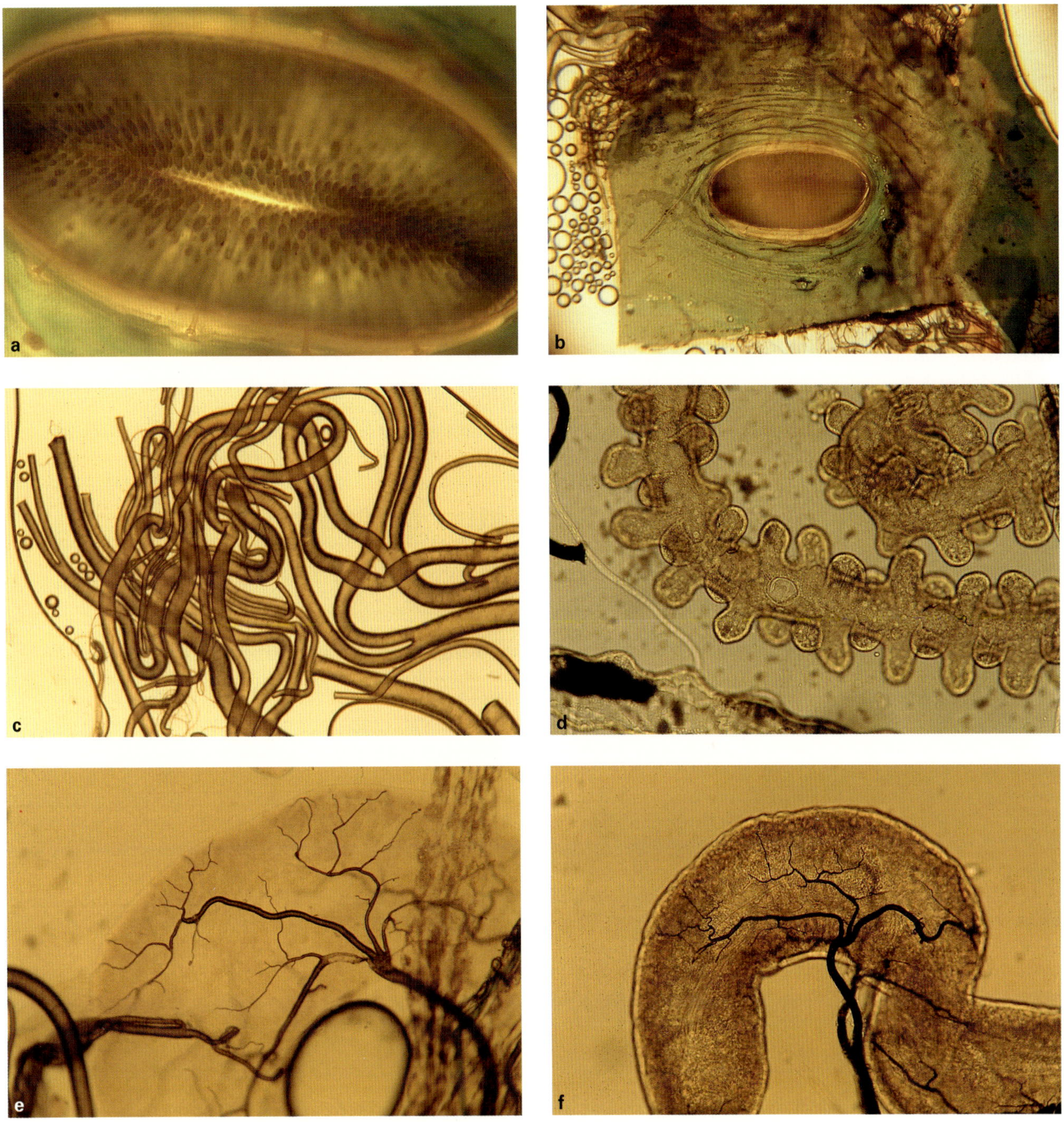

Figure 3. Some larval organs of *Pseudobunaea tyrrhena*, South Africa.
a, b, Tracheal openings (stigma) on the lateral side of the body; **a,** Stigma closed; **b,** Stigma opened; **c,** Tracheae; **d,** Portion of intestine; **e, f,** Intestinal tract with vessels. – Photos by Klaus Dippold, University of Erlangen.

Abbildung 3. Darstellung einiger Organe der Raupe von *Pseudobunaea tyrrhena*, Südafrika.
a, b, Tracheenöffnungen (Stigmen) seitlich am Körper; **a,** Stigma geschlossen; **b,** Stigma geöffnet; **c,** Tracheen; **d,** Eventuell Darmabschnitt; **e, f,** Darmtrakt mit Gefäßen. – Fotos: Klaus Dippold, Universität Erlangen.

Pupa and Cocoon

The day-long transformation of the final larval stage into the pupa, whether enveloped by a cocoon, or naked in the soil, is a fascinating phenomenon. The pupae of many species split the larva's skin open and compress it into a small lump, but some species simply form the pupa lying within the opened skin. The smooth casing of those that lie in the soil is reinforced with hard chitin, which protects them against predators, such as ants.

Not every saturniid larva encloses itself within a cocoon attached to a leaf, or lies upon the ground. There are some that simply fold a leaf (usually an edible one) around themselves and fasten the edges with a few strands of silk. The pupae of certain species anchor themselves to the interior of the cocoon, using hook-shaped, cremaster setae. The majority, however, lie loose within the cocoon.

Cocoons are usually pear-shaped with a firm texture. They have a tubular opening with an internal corona through which the moth emerges. There are, however, both coarse- and fine-meshed forms.

From the size of the pupa and the number of segments, an expert can determine the sex of the future moth.

Puppe und Kokon

Die tagelange Umwandlung der Endraupe in die Puppe im Kokon oder frei in der Erde ist eine faszinierende Angelegenheit. Dabei wird die aufgeplatzte Raupenhaut von der Puppe bei vielen Arten zu einem Klümpchen zurückgedrängt, bei anderen liegt die Puppe in der offenen Haut. Die glatten Erdpuppen haben einen harten Chitinpanzer, der sie vor Feinden, wie z.B. Ameisen schützt.

Nur ein Teil der Saturniidenraupen verspinnen sich mit losen Fäden in altem Laub an der Erde bzw. spinnen einen Kokon, teils in Blätter eingehüllt, meist an der Fraßpflanze, aufgehängt an Fäden. Bestimmte Puppen sind durch hakenförmige Kremasterborsten im Kokon verankert. Die Mehrzahl jedoch liegt lose im Kokon.

Die Kokons sind meist birnenförmig und fest mit einer röhrenartigen Öffnung und innen einer Reuse, damit der Falter schlüpfen kann. Es gibt aber auch grob- und engmaschige Formen.

Aus der Größe der Puppe und der Anzahl der Segmente können Fachleute auf das Geschlecht schließen.

The Breeding of Saturniid Moths

Based on the observations of more than three decades, it is possible to make the following conclusions.

Beginning with the eggs, they must be handled with consideration for the climate of their locale of origin, as the two, following examples illustrate:

Eggs originating from a tropical rainforest must be sprayed with water several times a day and maintained at a room temperature of 23-28 °C. Those from the dryer climate of upland habitats need be sprayed but once in the morning, but must be continually incubated at the cooler temperatures of 18-22 °C. Boxes holding eggs should be adequately ventilated; eggs should never be kept in air-tight containers.

Attention to the larva's point of origin is of the first importance. Fundamentally, most varieties may be kept in dimly lit rooms (the dimmer, the better) without special incubators. The conditions characteristic of a European summer, temperatures of 23-28 °C and relative humidity of 45-75 % may be maintained by the simple expedient of opening a window to the weather. In winter, certain tropical species may be kept in a plastic bucket whose cover is slightly ajar, and this should be kept in the vicinity of central heating. The temperature of their surroundings should be about 23-28 °C, and humidity should be maintained at 85-90 % by light spraying.

Since the conditions described here are somewhat experimental, it is self-evident that exact information about the origins of specimens was often lacking. For this reason, a table describing the Earth's climates was often of great assistance to me.

It may be mentioned that in the case of certain Nearctic genera, such as *Hyalophora*, they require somewhat cooler temperatures and thorough aeration. On the other hand, larvae from tropical rainforests need large amounts of water. Therefore, the leaves and twigs near them should be thoroughly sprayed daily and particularly in the evening for those that are obligate nocturnal feeders. If necessary, larvae from upland habitats may be kept in a box made of wire mesh and placed on a cool balcony overnight.

In closing, here are suggestions about edible plants. Without exception, larvae must be kept moist. Water may be applied with a bottle whose neck is plugged with cotton wool. This can avoid drowning certain of the smaller larvae during their diurnal or nocturnal wanderings. If possible, the earliest stages may be successfully fed on young, soft shoots.

The pre-imago stages were photographed using a Canon A1 camera with a Canon microlite electronic flash and Kodachrome film. All work was done indoors using a tripod.

Die Zucht von Saturniiden

Gestützt auf Beobachtungen über drei Jahrzehnte können folgende zusamenfassende Hinweise gegeben werden.

Bereits die Eier müssen unter Beachtung des Klimas am Fundort entsprechend behandelt werden, wie die zwei folgenden Beispiele erläutern:

Die Eier von tropischen Regenwaldbewohnern müssen täglich mehrmals besprüht und bei einer Zimmertemperatur von 23-28 °C warm gehalten werden. Bei Trockenklima-Hochlandbewohnern genügt einmaliges Anfeuchten am Morgen bei ständig kühlerer Lagerung bei ca. 18-22 °C. Die Boxen mit den Eiern sollten ausreichend gelüftet werden, luftdichter Abschluss wurde nie praktiziert.

Erst recht ist für die Raupen die Beachtung des Fundortklimas sehr wichtig. Grundsätzlich wurden die meisten Zuchten offen ohne besondere Zuchtbehälter im Zimmerschatten (je matter, desto besser) durchgeführt. Die Temperaturen betrugen im europäischen Sommer ca. 23-28 °C, die relative Luftfeuchte je nach Witterung und gegebenenfalls Fensteröffnung ca. 45-75 %. Im Winter wurden nur bestimmte tropische Arten in einem Plastikkübel mit nicht verschlossenem Deckel (nur leicht gekippt aufgelegt) gezogen, in der Nähe der Zentralheizung. Die Temperaturen betrugen ca. 23-28 °C, die Luftfeuchte ca. 85-90 % durch leichtes Besprühen.

Dass es sich dabei in gewissem Sinne immer auch etwas um Experimente handelt, versteht sich von selbst, denn exakte Fundortangaben waren eher die Ausnahme. Daher war mir eine Karte über die Klimata der Erde oft eine gute Hilfe.

Nicht unerwähnt darf bleiben, dass bei bestimmten (nearktischen) Gattungen wie z.B. *Hyalophora* besonders auf gute Lüftung und etwas kühlere Temperaturen zu achten ist, während andererseits die Raupen tropischer Waldbewohner in allen Stadien gierig Wasser aufnahmen, also die nähere Umgebung (Blätter und Zweige) täglich mehrmals kräftig besprüht werden mussten, bei strikten Nachtfressern auch noch am Abend. Gegebenenfalls wurden Hochlandbewohner in der Nacht in einen Gazedrahtkasten auf den kühleren Balkon gestellt.

Abschließend noch einige Hinweise zu den Futterpflanzen. Diese wurden den Raupen ausnahmslos gewässert angeboten, natürlich am Flaschenhals mit Watte abgedichtet, damit bestimmte kleinere Räupchen bei Tag- oder Nachtwanderung nicht ertranken. Wenn möglich wurden in den ersten Stadien junge, weiche Triebe mit Erfolg angeboten.

Die Präimaginalstadien wurden mit der Kamera Canon A1, dem Ringblitzgerät Canon macrolite ML-1 und den Kodachrome-Diafilmen immer mit Stativ im Zimmer aufgenommen.

Maden gegen Hunger?

UN: Insekten sind gute Nahrungs- und Einnahmequelle

ROM (dpa) — Laut jüngsten Erkenntnissen der UN können essbare Insekten die Lebensmittelversorgung in Afrika deutlich verbessern.

Wie eine Studie der UN-Organisation für Landwirtschaft und Ernährung (FAO) ergab, sind bestimmte Arten von Raupen und Maden schon heute wichtiger Ernährungsbestandteil in zahlreichen afrikanischen Ländern. Etwa 85 Prozent der Teilnehmer an der Erhebung in der Zentralafrikanischen Republik essen demnach Raupen, im Kongo sind es 70 Prozent, in Botswana gar 91 Prozent.

„Essbare Insekten aus den Wäldern sind wichtige Protein-Quellen, und sie sind – anders als solche aus landwirtschaftlich bebauten Gebieten – frei von Pestiziden", so ein FAO-Experte: 100 Gramm getrocknete Raupen enthielten 53 Gramm Proteine, 15 Prozent Fett und 17 Prozent Kohlenhydrate. Raupen seien zudem reich an Mineralien und enthielten zahlreiche Vitamine. Bereits 100 Gramm deckten den Tagesbedarf eines Menschen an Mineralien und Vitaminen, heißt es.

Das Sammeln der Insekten sei zudem eine gute Einnahmequelle. Auch würden die Tiere bereits in Länder wie den Sudan und Nigeria, aber auch nach Frankreich und Belgien exportiert. „Der Nährwert, aber auch der wirtschaftliche Wert von essbaren Insekten wird oft vernachlässigt; wir sollten das Sammeln und die Vermarktung weiter fördern", so die FAO.

Saturniid Larvae as a Source of Nourishment

Some years ago, Dr. Stefan Kager took photographs in a market in Bangui, the capital of the Central African Republic. These substantiate a newspaper article that appeared in the "Nürnberger Nachrichten" of November 9, 2004.

However, it may be said in connection with this, that world-wide there are many larvae in the Nearctic and Neotropical Regions that are severely toxic for man and beast, and contact with the skin is strictly to be avoided.

Saturniiden-Raupen als Nahrungsquelle

Die von Herrn Dr. Stefan Kager bereits vor Jahren auf einem Markt in Bangui, der Hauptstadt der Zentralafrikanischen Republik aufgenommenen Fotos belegen den nachstehenden Artikel aus den »Nürnberger Nachrichten« vom 9. November 2004 sehr gut.

Trotzdem ist darauf hinzuweisen, dass viele Raupen weltweit, besonders in den nearktischen und neotropischen Regionen, für Mensch und Tier hoch giftig sind und Hautkontakte strikt zu vermeiden sind.

Literature / Literatur

D'Abrera, B. (1995): Saturniidae Mundi. Saturniid moths of the world. Part I. – 177 pp., 75 color plates; Keltern (Germany) (Automeris Press).
– (1998): Saturniidae Mundi. Saturniid moths of the world. Part III. – 171 pp., 87 color plates; Keltern, Germany (Goecke & Evers).
Heppner, J. B. (1991): Faunal Regions and the Diversity of Lepidoptera. – Tropical Lepidoptera 2 (Suppl. 1): 1-85.
– (2003): Tribal Classification of the Lepidoptera. – Lepidoptera News, March/June 2003, No. 1-2: 1-22.
Lemaire, C. (1996): 117. Saturniidae. – Pp. 28-49 in Heppner, J. B. (ed.): Atlas of Neotropical Lepidoptera. Checklist: Part 4b. Drepanoidea – Bombycoidea – Sphingoidea. – Gainesville, FL (Association for Tropical Lepidopera & Scientific Publishers).
Oberprieler, R. G. (1995): The Emperor Moths of Namibia. – 91 pp.; Pretoria, South Africa (Ekogilde).
Pinratana, A. & E. J. Lampe (1990): Moths of Thailand – Vol. 1: Saturniidae. – V + 47 pp.; Bangkok (Bosco Offset).
Tuskes, P. M., J. P. Tuttle & M. M. Collins (1996): The wild silkmoths of North America. – 264 pp.; Ithaca, New York (Cornell University Press).

Acknowledgements

Only in recent decades has air mail made possible the world-wide transport of lepidopteran eggs within a time frame that allows their development to be followed and photographed. Only rarely has a shipment arrived so late that the larvae had hatched in transit and died.

To my friends who share my interest in the Saturniidae, I offer my heart-felt thanks for living material and especially for photographs and helpful, professional contacts:

Sebastian Bolle, Thierry Bouyer, Dr. R. Brechlin, Georg Brenner, Michael Büche, Philippe Darge and friends, Dr. E. Diehl, Dr. Klaus Dippold, Ulf Drechsel, Nevil Duke, C. Escalante, Mrs. M. Furr, Dr. H. Geertsema, Richard L. Halbert, Peter Kautt, Dr. St. Kager, William Kilumile, Steve Kohll, Mag. K. Lechner, Frank Meister, Johann Müller, Dr. W. Nässig, Dr. St. Naumann, Dr. J. W. Nikusch, Dr. R. Oberprieler, Ulrich Paukstadt, Dr. R. Peigler, Phil Peng, Bro. A. Pinratana, Dr. H. Probst, Gerhard Ragus, Franz Renner, Andreas Riekert, Paul Rouche, Eric van Schayck,Dr. A. Schintlmeister, Annette and Nigel South, Franz Vetter, Rupert Wanninger, Bernhard Wenczel, Kirby L Wolfe, Franz Ziereis.

As early as the 1970's, Dr. Wolfgang Nässig of Frankfurt advised me on the building of a collection and in particular the varieties on which to focus my attention. For this, a special thank you for the many helpful conversations about the Frankfurt insect market. Likewise, I am thankful for decades of personal and professional contacts with Dr. Rolf Oberprieler and his family, formerly in South Africa and currently in Australia. Thank you, Rolf.

Special thanks go to Dr. Frank Haase for the translation of the German text into English.

Finally, I send my warmest thanks to Dr. Friedrich Pfeil and his team for their advice, support and cooperation in this work.

Danksagung

Erst in den letzten Jahrzehnten ist es möglich geworden, per Luftpost Schmetterlingseier aus aller Welt rechtzeitig zu erhalten und somit diese Zuchten durchzuführen und zu fotografieren. Nur noch selten ging ein Brief so spät ein, dass die Räupchen unterwegs ausschlüpften und starben.

Meinen folgenden Saturniidenfreunden danke ich ganz herzlich für das Lebendmaterial, ggf. Fotos und die guten fachlichen Kontakte:

Sebastian Bolle, Thierry Bouyer, Dr. R. Brechlin, Georg Brenner, Michael Büche, Philippe Darge mit Freunden, Dr. E. Diehl, Dr. Klaus Dippold, Ulf Drechsel, Nevil Duke, C. Escalante, Mrs. M. Furr, Dr. H. Geertsema, Richard L. Halbert, Peter Kautt, Dr. St. Kager, William Kilumile, Steve Kohll, Mag. K. Lechner, Frank Meister, Johann Müller, Dr. W. Nässig, Dr. St. Naumann, Dr. J. W. Nikusch, Dr. R. Oberprieler, Ulrich Paukstadt, Dr. R. Peigler, Phil Peng, Bro. A. Pinratana, Dr. H. Probst, Gerhard Ragus, Franz Renner, Andreas Riekert, Paul Rouche, Eric van Schayck, Dr. A. Schintlmeister, Annette & Nigel South, Franz Vetter, Rupert Wanninger, Bernhard Wenczel, Kirby L. Wolfe, Franz Ziereis.

Herr Dr. Wolfgang Nässig, Frankfurt hat mir bereits in den 70er Jahren den Rat gegeben, mich neben dem Sammlungsaufbau besonders den Zuchten zu widmen. Hierfür ein besonderes Dankeschön, natürlich auch für die vielen guten Gespräche anlässlich der Frankfurter Insektenbörse.

Gleiches gilt für die jahrzehntelangen guten persönlichen und fachlichen Kontakte mit Herrn Dr. Rolf Oberprieler und seiner Familie, früher in Südafrika, jetzt in Australien. Danke Rolf.

Besonderer Dank gilt Dr. Frank Haase für die Übersetzung der deutschen Texte ins Englische.

Abschließend möchte ich Herrn Dr. Pfeil und seinem Team für die Beratung und gute Zusammenarbeit bestens danken.

Tafel 1 Saturniinae *Coscinocera hercules* Miskin, 1875 PNG

Tafel 2 Saturniinae *Opodiphthera helena* White, 1843 Australien

Tafel 3 Saturniinae *Opodiphthera janetta* White, 1843 Australien

L_1

L_2

L_3

L_4

L_5

♂

♀

Tafel 4 Saturniinae *Opodiphthera eucalypti* Scott, 1864 Neuseeland

Tafel 5 Saturniinae *Opodiphthera eucalypti* Scott, 1864 Australien

L_1

L_2

L_3

L_4

L_5

L_5

♀

Tafel 6 Ludiinae *Ludia delegorguei* Boisduval, 1847 RSA

Tafel 7 Ludiinae *Ludia delegorguei vetusta* Strand, 1911 SWA

L_1

L_3

L_4

L_5

♀

L_1

L_2

L_3

L_4

L_5

♂

Tafel 9 Ludiinae *Vegetia ducalis* Jordan, 1922 RSA

Tafel 10 Ludiinae *Vegetia grimmia* Geyer, 1831 RSA

Tafel 11 Ludiinae *Holocerina agomensis* Karsch, 1896 Zimbabwe

Tafel 12 Ludiinae *Holocerina angulata* Aurivillius, 1893

Tafel 13 Ludiinae *Holocerina rhodesiensis* Janse, 1918 Zimbabwe

Tafel 14 Ludiinae *Holocerina smilax* Westwood, 1849 RSA

L_4

L_4

♂

♀

Tafel 15 Ludiinae *Micragone ansorgei* Rothschild, 1907 Zimbabwe

Tafel 16 Ludiinae *Micragone cana* Aurivillius, 1893 Zimbabwe

L_1

L_2

L_4?

L_5

♂

Tafel 18 Ludiinae *Goodia kuntzei* Dewitz, 1881 Zimbabwe

Tafel 19 Ludiinae *Orthogonioptilum incana* Sonthonnax, 1898 Zimbabwe

Tafel 20 Ludiinae *Decachorda aspersa* Bouvier, 1927 Tanzania

Tafel 21 Ludiinae *Decachorda rosea* Aurivillius, 1898 Zimbabwe

L_1

L_2

L_3

L_4

L_5

L_5

♂

♀

Tafel 23 Saturniinae *Argema mimosae* Boisduval, 1847 Zaire

Tafel 24 Saturniinae *Argema mimosae* Boisduval, 1847 RSA

L_1

L_3

L_4

L_5

♂

Tafel 25 Saturniinae *Argema mittrei* Guérin-Meneville, 1847 Madagaskar

Tafel 26 Saturniinae *Epiphora pelosoma* Rothschild, 1907 Tanzania

L_1

L_2

L_3

L_4

L_5

L_1

L_3

L_5

Tafel 28 Saturniinae *Epiphora bauhiniae schultzei* Aurivillius, 1905 Tschad

Tafel 29 Saturniinae *Epiphora lugardi* Kirby, 1894 Äthiopien

Tafel 30 Saturniinae *Epiphora mythimnia* Westwood, 1849 RSA

Tafel 31 Saturniinae *Pseudantheraea discrepans* Butler, 1878 Cameroun

Tafel 31 (Fortsetzung) Saturniinae *Pseudantheraea discrepans* Butler, 1878 Cameroun

L_6

L_7

♂

♀

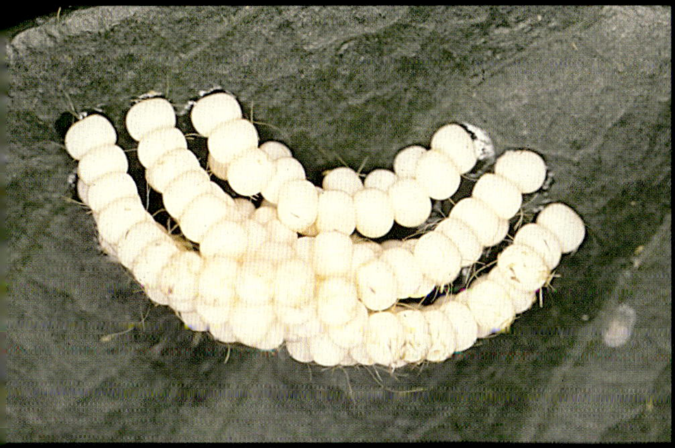

L1

L2

L3

L4

L5

Tafel 33 Saturniinae *Tagoropsis hanningtoni* Butler, 1883 Zimbabwe

Tafel 34 Saturniinae *Pselaphelia flavivitta* Walker, 1862 RSA

L_1

L_2

L_3

L_5

L_4

L_5

♂

♀

Tafel 35 Saturniinae *Urota sinope* Westwood, 1849 RSA

Tafel 36 Saturniinae *Usta terpsichore* Maassen & Weyding, 1885 Zimbabwe

L_1?

L_2

L_3

L_4

L_5

♂

L_1

L_2

L_3

L_5

♂

♀

Tafel 39 Saturniinae *Melanocera dargei* Terral, 1991 RSA

L_3

L_5

L_6

♀

L_1

L_2

L_3

L_4

L_5

L_6

♂

♀

L_4

L_5

♂

♀

Tafel 42 Saturniinae *Ubaena fuelleborniana* Karsch, 1900 Tanzania

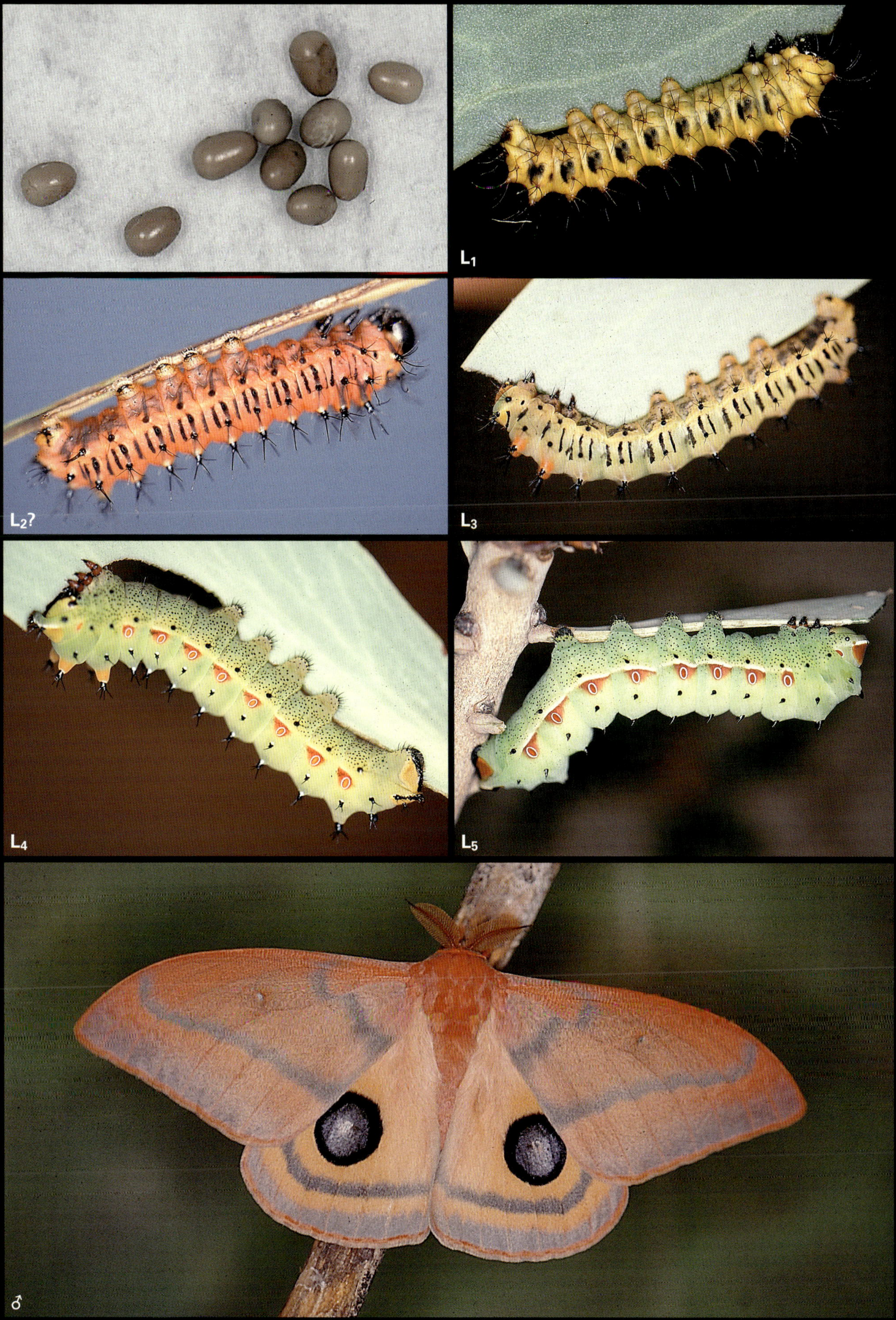
L_1
L_2?
L_3
L_4
L_5
♂

Tafel 44 Saturniinae *Rohaniella pygmaea* Maassen & Weyding, 1885 RSA

L_3

L_4

L_5

♂

Tafel 45 Saturniinae *Pseudobunaea irius* Fabricius, 1793 RSA

L_1

L_2

L_3

L_4

L_5

♂

♀

Tafel 46 Saturniinae *Pseudobunaea irius* Fabricius, 1793 Kenya

L1

L2

L3

L4

L5

♂

♀

L_1

L_2

L_3

L_4

L_5

♂

♀

Tafel 49 Saturniinae *Pseudobunaea perchromatum* Darge, 2003 Tanzania

Tafel 50 Saturniinae *Lobobunaea acetes* Westwood, 1849 Sierra Leone

L1
L2
L3
L4
L5?
♂
♀

Tafel 52 Saturniinae *Lobobunaea goodii* Holland, 1893 Kamerun

Tafel 53 Saturniinae *Lobobunaea phaedusa* Drury, 1782 Sierra Leone

Tafel 54 Saturniinae *Imbrasia epimethea* Drury, 1773 Kamerun

Tafel 55 Saturniinae *Imbrasia ertli* Rebel, 1904 Zimbabwe

Tafel 56 Saturniinae *Imbrasia affinis* Bouvier, 1926 Zimbabwe

Tafel 57 Saturniinae *Imbrasia forda* Westwood, 1849 RSA

Tafel 58 Saturniinae *Imbrasia truncata* Aurivillius, 1909 Kamerun

L1
L2
L3
L4
L5
♂
♀

Tafel 60 Saturniinae *Imbrasia wahlbergii* Boisduval, 1847 RSA

L_2?

L_3

L_4

L_5

Tafel 61 Saturniinae *Imbrasia wahlbergi callophthalma* Rougeot, 1979 Kenya

L2

L3

L4

L5

♂

♀

Tafel 63 Saturniinae *Gonimbrasia belina cocaulti* Darge & Terral, 1992 Kenya

L_1

L_2

L_3

L_{4-5}

L_5

♂

♀

Tafel 66 Saturniinae *Gonimbrasia occidentalis* Rothschild, 1907 Tschad

Tafel 67 Saturniinae *Gonimbrasia hoehnelii* Rogenhofer, 1891 Tanzania

Tafel 68 Saturniinae *Gonimbrasia tyrrhea* Cramer, 1775 RSA

L_1

L_2+L_3

L_4

L_5

♂

♀

L_1
L_2
L_3
L_4
L_5
♂
♀

Tafel 71 Saturniinae *Gonimbrasia zambesina* Walker, 1865 RSA

Tafel 72 Saturniinae *Gonimbrasia alcestris* Weymer, 1907 Tanzania

L_1

L_2

L_3

L_4

L_5

L_1
L_2
L_3
L_4
L_5
♂
♀

Tafel 74 Saturniinae *Gonimbrasia gueinzii* Staudinger, 1872 RSA

L_1

L_2

L_3

L_4

L_5

Tafel 75 Saturniinae *Gonimbrasia carnegiei* Janse, 1918 Zimbabwe

L_1
L_2
L_3
L_4
L_5
♂
♀

L1

L2

L3

L4

L5

♂

♀

Tafel 78 Saturniinae *Gonimbrasia eblis* Strecker, 1877 Kamerun

Tafel 79 Saturniinae *Gonimbrasia jamesoni aethiops* Rothschild, 1907 Kamerun

afel 80 Saturniinae *Gonimbrasia macrothyris* Rothschild, 1906 Zimbabwe

Tafel 81 Saturniinae *Bunaea alcinoe* Stoll, 1780 RCA

L2
L3
L4
L5
L5
♂
♀

Tafel 82 Saturniinae *Bunaea alcinoe* Stoll, 1780 RSA

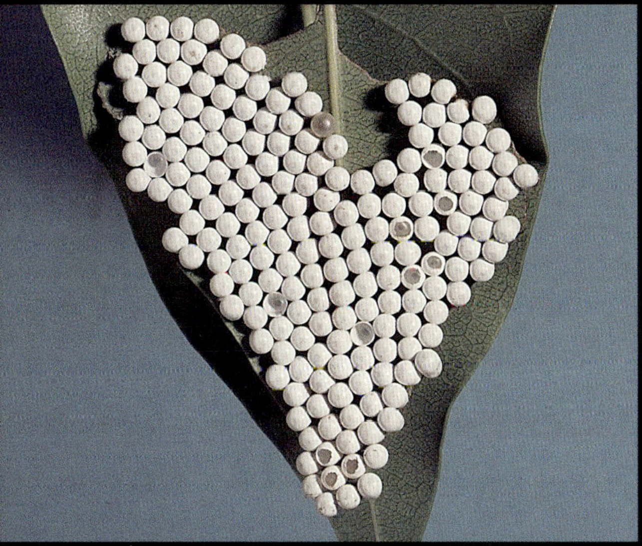

Tafel 83 Saturniinae *Bunaea alcinoe* Stoll, 1780 Äthiopien

L_1

L_2

L_3

L_4

L_5

♂

Tafel 84 Saturniinae *Bunaea aslauga* Kirby, 1877 Madagaskar

L_1

L_2

L_3

L_4

L_5

♂

♀

Tafel 85 Saturniinae *Pseudimbrasia deyrollii* Thomson, 1858 RCA

L1
L2
L3
L4
L5
L5
♂
♀

Tafel 87 Saturniinae *Gynanisa maja* Klug, 1836 Kenya

Tafel 88 Saturniinae *Athletes gigas* Sonthonnax, 1904 Zimbabwe

Tafel 89 Saturniinae *Athletes semialba* Sonthonnax, 1904 Tanzania

L_1

L_2

L_3

L_4

L_5

♂

L_1

L_2

L_3

L_4

L_5

♀

Tafel 92 Saturniinae *Aurivillius aratus* Westwood, 1849 Kamerun

Tafel 93 Saturniinae *Aurivillius fuscus* Rothschild, 1895 RSA

L1

L2

L3

L4

L5

♂

L3

L4

L5

L5

♂

♀

L1
L2
L3
L4
L5
♂
♀

Tafel 96 Ceratocampinae *Citheronia regalis* Fabricius, 1793 USA

Tafel 97 Ceratocampinae *Citheronia sepulcralis* Grote & Robinson, 1865 USA

L_1

L_2

L_3

L_4

L_5

♂

♀

Tafel 98 Ceratocampinae *Eacles imperialis imperialis* Drury, 1773 USA

Tafel 99 Ceratocampinae *Eacles imperialis pini* Michener, 1950 Kanada

Tafel 100 Ceratocampinae *Eacles imperialis oslari* W. Rothschild, 1907 USA

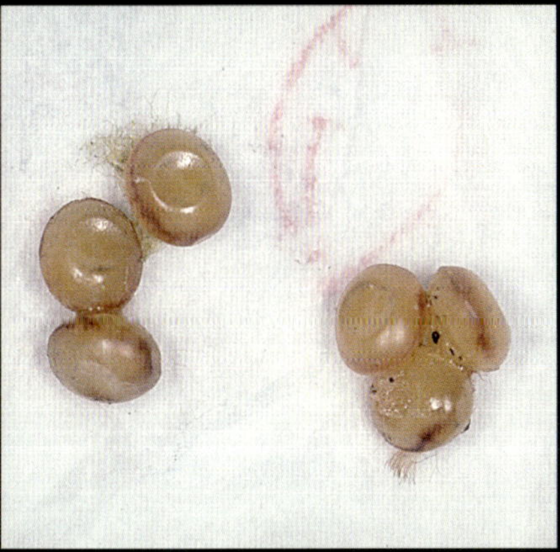

L_1

L_2

L_3

L_4

L_5

♂

♀

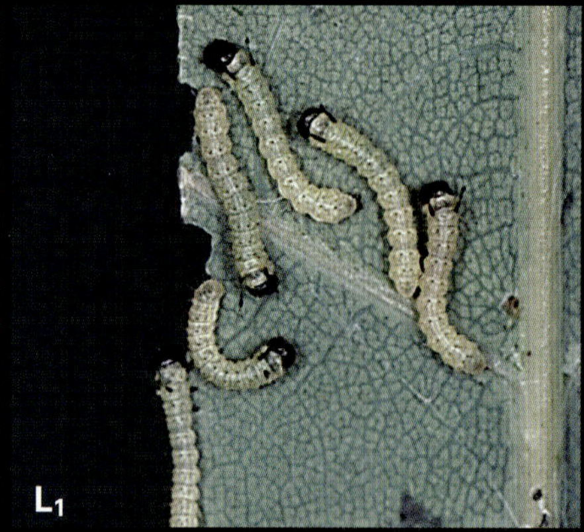
L_1

L_2

L_3

L_4

L_5

♂
♀

Tafel 102 Ceratocampinae *Dryocampa rubicunda rubicunda* Fabricius, 1793 USA

Tafel 103 Ceratocampinae *Syssphinx bicolor* Harris, 1841 USA

L_1

L_2

L_3

L_5

L_4

♂

♀

L4?

L5

♂

♀

L1
L2
L3
L4
L5
♂
♀

L_2

L_5

L_6

Tafel 107 Hemileucinae *Automeris cecrops pamina* Neumoegen, 1882 USA

L1
L2
L3
L4
L5
L6
♂
♀

L_1

L_2

L_3

L_4

L1
L2
L3
L3
L4

Tafel 111 Saturniinae *Saturnia albofasciata* J. W. Johnson, 1938 USA

Tafel 112 Saturniinae *Agapema homogena* Dyar, 1908 USA

L_1
L_2
L_3
L_4
L_5
♂
♀

Tafel 114 Saturniinae *Antheraea oculea* Neumoegen, 1883 USA

Tafel 115 Saturniinae *Actias luna* Linnaeus, 1758 USA

Tafel 116 Saturniinae *Callosamia promethea* Drury, 1773 USA

L1
L2
L3
L4
♂
♀

L_5

♀

Tafel 119 Saturniinae *Hyalophora cecropia* Linnaeus, 1758 USA

Tafel 120 Saturniinae *Hyalophora columbia columbia* S. I. Smith, 1865 Kanada

L_1

L_2

L_3

L_4

L_5

♂

♀

Tafel 122 Saturniinae *Hyalophora euryalus* Boisduval, 1855 USA

L_1
L_2
L_3
L_4
L_5

L_1

L_2

L_3

L_4

L_5

♂

♀

L1

L2

L3

L4

L5

♂

♀

Tafel 126 Arsenurinae *Arsenura orbignyana* Guérin-Méneville, 1844 Paraguay

Tafel 127 Arsenurinae *Arsenura batesii arcaei* Druce, 1886 Kolumbien

 Arsenurinae *Titaea tamerlan nobilis* Schaus, 1912 Kolumbien

Tafel 129 Arsenurinae *Titaea tamerlan amazonensis* Lemaire, 1980 Venezuela

L5

L6

L_1
L_2
L_3
L_4
L_5
♂
♀

Tafel 132 Ceratocampinae *Eacles imperialis decoris* W. Rothschild, 1907 Costa Rica

L_1

L_2

L_3

L_5

L_4

♂

♀

L1

L2

L3

L4

L5

♀

Tafel 134 Ceratocampinae *Eacles imperialis cacicus* Boisduval, 1868 Venezuela

L1
L2
L3
L4
L5
♂
♀

Tafel 136 Ceratocampinae *Eacles penelope* Cramer, 1775 Kolumbien

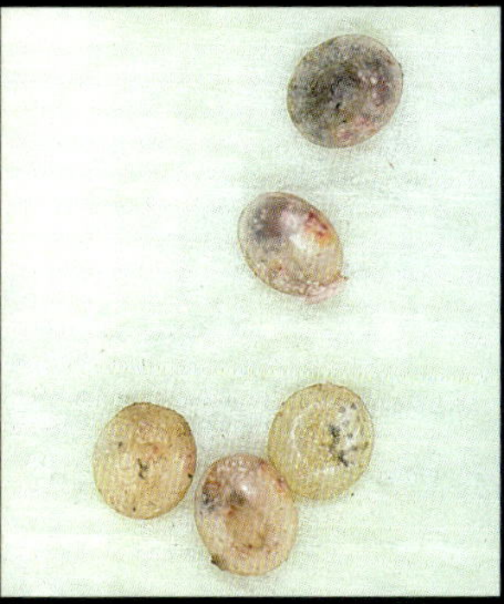

Tafel 137 Ceratocampinae *Eacles masoni tyrannus* Draudt, 1930 Kolumbien

L_1

L_2

L_4

L_3

L_5

Tafel 139 Ceratocampinae *Citheronia brissotii meridionalis* Bouvier, 1927 Argentinien

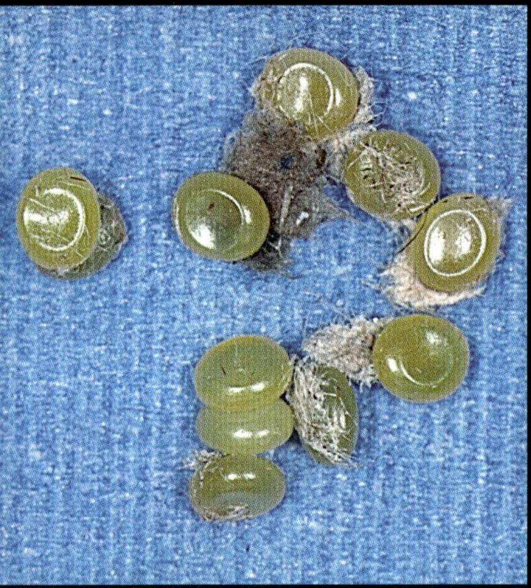

L$_1$
L$_2$
L$_3$
L$_4$
L$_5$
♂
♀

L$_1$

L$_2$

L$_3$

L$_4$

L$_5$

♂

♀

L1
L2
L3
L4
L5
♂
♀

Tafel 143 Ceratocampinae *Citheronia mexicana* Grote & Robinson, 1867 Mexico

Tafel 144 Ceratocampinae *Citheronia bellavista bellavista* Draudt, 1930 Kolumbien

L_1

L_2

L_3

L_4

L_5

L_6

♂

♀

Tafel 145 Ceratocampinae *Citheronia aroa* Schaus, 1896 Venezuela

Tafel 146 Ceratocampinae *Citheronia phoronea* Cramer, 1779 Venezuela

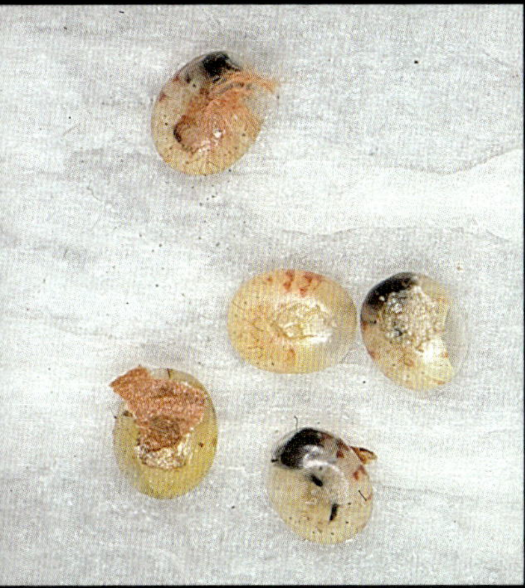

L_1

L_2

L_3

L_4

L_5

♂

♀

Tafel 147 Ceratocampinae *Procitheronia fenestrata* W. Rothschild, 1907 Venezuela

Tafel 148 Ceratocampinae *Othorene purpurascens* Schaus, 1905 Kolumbien

L5

L5

♂

♀

Tafel 149 Ceratocampinae *Syssphinx molina* Cramer, 1780 Kolumbien

L_1

L_2

L_3

L_4

L_5

♂

♀

Tafel 150 Ceratocampinae *Syssphinx colla grisea* Lemaire, 1988 Mexico

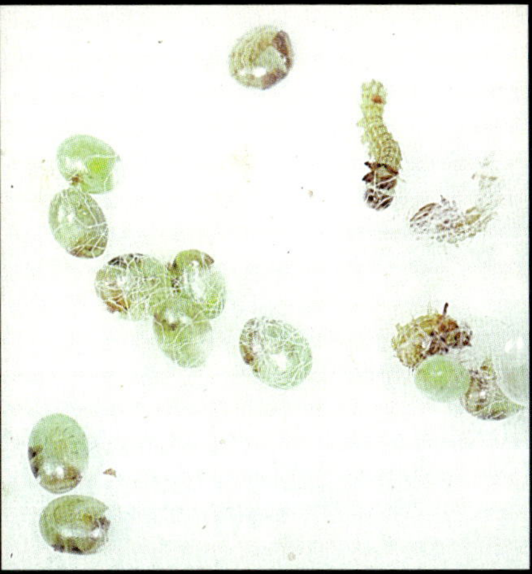

L_1

L_2

L_3

L_4

L_5

♂

♀

Tafel 151 Ceratocampinae *Anisota dissimilis* Boisduval, 1872 Mexico

Tafel 152 Ceratocampinae *Adeloneivaia s. subangulata* Herrich-Schäffer, 1855 Venezuela

L_1
L_2
L_3
L_4
L_5
L_5
♂
♀

Tafel 154 Ceratocampinae *Neorcarngia basirei* Schaus, 1892 Paraguay

Tafel 155 Hemileucinae *Lonomia venezuelensis* Lemaire, 1972 Venezuela

Tafel 156 Hemileucinae *Lonomia achelous achelous* Cramer, 1777 Ecuador

Tafel 157 Hemileucinae *Automeris janus* Cramer, 1775 Venezuela

Tafel 158 Hemileucinae *Automeris exigua* Lemaire, 1977 Kolumbien

Tafel 159 Hemileucinae *Automeris metzli* Sallé, 1853 Mexico

Tafel 160 Hemileucinae *Automeris metzli* Sallé, 1853 Venezuela

Tafel 161 Hemileucinae *Automeris egeus* Cramer, 1775 Peru

Tafel 161 Hemileucinae *Automeris egeus* Cramer, 1775 Peru

♂

Tafel 162 Hemileucinae *Automeris larra* Walker, 1855 Französisch Guayana

L_6

Tafel 163 Hemileucinae *Automeris illustris* Walker, 1855 Brasilien

Tafel 164 Hemileucinae *Automeris amoena rotunda* Lemaire, 1971 Paraguay

Tafel 165 Hemileucinae *Automeris randa* Druce, 1894 Mexico

Tafel 166 Hemileucinae *Automeris moresca* Schaus, 1906 Venezuela

L_1

L_2

L_3

L_4

L_5

L_6

L_7

♂

♀

L_1
L_2
L_3
L_4
L_5
L_6
♂
♀

Tafel 168 Hemileucinae *Automeris zurobara gadouae* Lemaire, 1966 Venezuela

Tafel 168 Hemileucinae *Automeris zurobara gadouae* Lemaire, 1966 Venezuela

Tafel 169 Hemileucinae *Automeris excreta* Draudt, 1929 Mexico

Tafel 170 Hemileucinae *Automeris tridens* Herrich-Schäffer, 1855 Costa Rica

L_1

L_2

L_3

L_4

L_5

L_6

♂

♀

Tafel 171 Hemileucinae *Automeris hamata* Schaus, 1906 Kolumbien

Tafel 172 Hemileucinae *Automeris duchartrei* Bouvier, 1936 Ecuador

Tafel 173 Hemileucinae *Automeris meridionalis* Bouvier, 1936 Venezuela

Tafel 174 Hemileucinae *Automeris banus banus* Boisduval, 1875 Costa Rica

Tafel 175 Hemileucinae *Automeris banus argentifera* Lemaire, 1966 Kolumbien

L_1

L_2

L_3

L_5

L_4

L_6

♂

♀

L1
L2
L3
L4
L5
L6
♂
♀

L1
L2
L3
L4
L5
L6
♂
♀

Tafel 178 Hemileucinae *Automeris basalis* Walker, 1855 Paraguay

L1
L2
L3
L4
L5
L6
♀

Tafel 180 Hemileucinae *Automeris boucardi* Druce, 1886 Costa Rica

Tafel 181 Hemileucinae *Automeris zozine* Druce, 1886 Mexico

L1
L2
L3
L4
L6
L5
♂
♀

Tafel 183 Hemileucinae *Automeris zugana* Druce, 1886 Costa Rica

L_2

L_3

L_4

L_5

L_6

♂

♀

Tafel 185 Hemileucinae *Automeris styx* Lemaire, 1982 Peru

L1
L2
L3
L4
L5
L6
♂
♀

Tafel 187 Hemileucinae *Automeris umbrosa lampei* Lemaire, 2002 Paraguay

L1
L2
L3
L4
L5
L6
♂
♀

L1
L2
L3
L4
L5
L6
L7
♂
♀

L_1

L_2

L_3

L_4

L_5

L_1

L_2

L_3

L_4

L_5

L_6

♂

♀

Tafel 192 Hemileucinae *Leucanella leucane* Geyer, 1837 Mexico

L_1

L_2

L_3

L_4

L_5

L_6

♂

♀

Tafel 194 Hemileucinae *Leucanella a. aspera* R. Felder & Rogenhofer, 1874 Argentinien

L5

L6

♂

♀

Tafel 196 Hemileucinae *Pseudautomeris grammivora* Jones, 1908 Argentinien

L_1

L_2

L_3

L_4

L_5

L_6

♂

♀

Tafel 197 Hemileucinae *Pseudautomeris luteata* Walker, 1865 Paraguay

L1
L2
L3
L4
L5
L6
L7
♂
♀

L1
L2
L3
L4
L5
♂
♀

Tafel 200 Hemileucinae *Gamelia septentrionalis* Bouvier, 1936 Costa Rica

Tafel 201 Hemileucinae *Hyperchiria orodina* Schaus, 1900 Paraguay

L1
L2
L3
L4
L5
L6
L7
♂
♀

Tafel 203 Hemileucinae *Molippa nibasa* Maassen & Weyding, 1885 Mexico

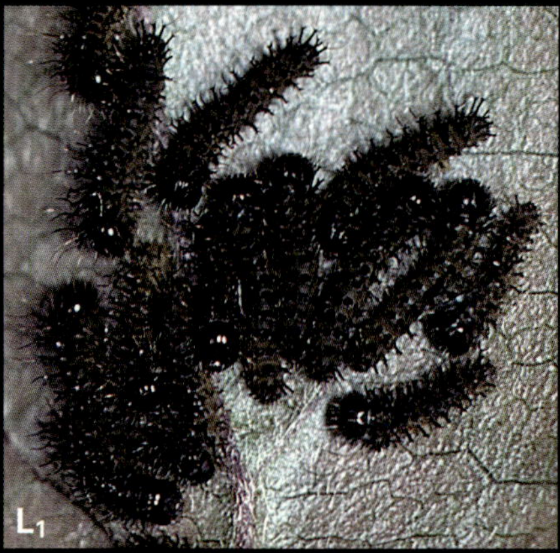
L_1

L_2

L_3

L_4

L_5

L_6

♂

♀

Tafel 205 Hemileucinae *Molippa basina* Maassen & Weyding, 1885 Venezuela

Tafel 206 Hemileucinae *Molippa latemedia* Druce, 1890 Peru

Tafel 207 Hemileucinae *Molippa superba superba* Burmeister, 1855 Argentinien

Tafel 208 Hemileucinae *Paradirphia semirosea* Walker, 1855 Mexico

L_1

L_2

L_3

L_4

L_5

L_6

♂

Tafel 209 Hemileucinae *Paradirphia boudinoti* Lemaire & Wolfe, 1990 Mexico

L1 L2 L3 L5 L4 L6 ♀

L1
L2
L3
L5
L4
L6
♂

L1
L2
L3
L4
L5
L6
♂
♀

Tafel 213 Hemileucinae *Dirphia avia* Stoll, 1780 Ecuador

L_1
L_5
L_2
L_6
♂
♀

L1
L2
L3
L4
L5
L6
L6
♂
♀

L1
L2
L4
L3
L5
L6
♂
♀

Tafel 217 Hemileucinae *Dirphiopsis pulchricornis* Walker, 1855 Venezuela

Tafel 218 Hemileucinae *Pseudodirphia eumedidoides* Vuillot, 1892 Paraguay

Tafel 219 Saturniinae *Copaxa decrescens* Walker, 1855 Venezuela

L1

L2

L3

L4

L5

♂

♀

Tafel 220 Saturniinae *Copaxa multifenestrata* Herrich-Schäffer, 1858 Mexico

L3?

L5

♂

♀

L1
L2
L3
L4
L5
♂
♀

Tafel 223 Saturniinae *Copaxa expandens* Walker, 1855 Venezuela

L₁ → L_1

L_2

L_3

L_5

L_4

♂

♂

♀

♀

Tafel 225 Saturniinae *Actias luna azteca* Packard, 1869 Nicaragua

L1
L2
L3
L4
L5
♂
♀

Tafel 227 Saturniinae *Rothschildia jacobaeae* Walker, 1855 Argentinien

Tafel 228 Saturniinae *Rothschildia erycina erycina* Shaw, 1796 Venezuela

L1

L2

L3

L4

L5

♂

♀

Tafel 229 Saturniinae *Rothschildia erycina erycina* Shaw, 1796 Kolumbien

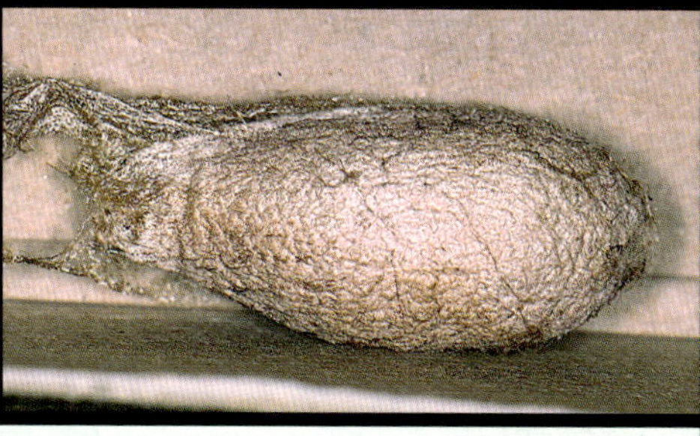

Tafel 230 Saturniinae *Rothschildia lebeau yucatana* Lemaire, 1971 Mexico

L_1

L_2

L_3

L_4

L_5

♂

♀

L4

L5

♂

♀

L1
L2
L3
L4
L5
♂
♀

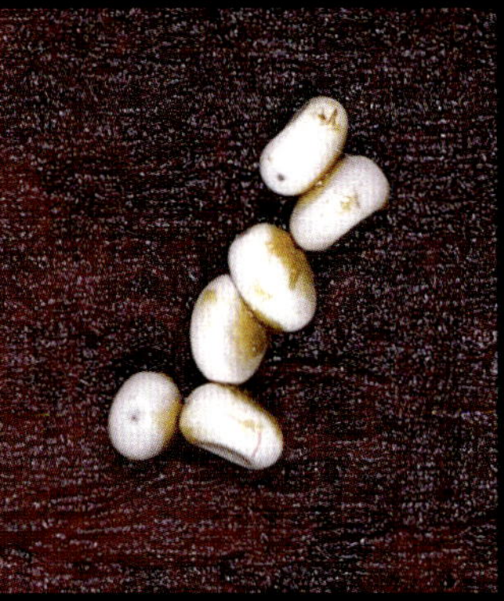

L_1

L_2

L_3

L_4

L_5

♀

L_6

Tafel 234 Saturniinae *Rothschildia cincta guerreronis* Draudt, 1929 Mexico

Tafel 235 Saturniinae *Rothschildia hesperus hesperus* Linnaeus, 1758 Venezuela

Tafel 236 Saturniinae *Rothschildia schreiteriana* Breyer & Orfila, 1945 Argentinien

Tafel 237 Saturniinae *Rothschildia arethusa arethusa* Walker, 1855 Argentinien

Tafel 238 Saturniinae *Rothschildia orizaba orizaba* Westwood, 1854 Mexico

L_1

L_2

L_3

L_4

L_5

♂

♀

Tafel 239 Saturniinae *Rothschildia orizaba equatorialis* W. Rothschild, 1907 Kolumbien

L1
L2
L3
L4
L5
♂
♀

Tafel 241 Saturniinae *Rothschildia triloba* W. Rothschild, 1907 Costa Rica

Tafel 242 Saturniinae *Rothschildia aurota aurota* Cramer, 1775 Venezuela

Tafel 243 Saturniinae *Rothschildia aurota speculifera* Walker, 1855 Brasilien

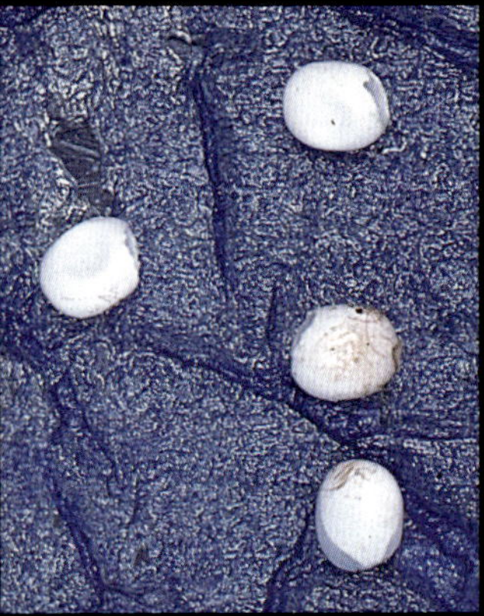

L1

L2

L4

L5

♂

Tafel 245 Saturniinae *Eupackardia calleta* Westwood, 1853 Mexico

L1
L2
L3
L5
L4
L6
♂
♀

L1
L2
L3
L4
L6
L5
♂
♀

L_1

L_2

L_3

L_4

L_5

L_6

L1
L2
L3
L4
L5
L6
♂
♀

L1
L2
L3
L4
L6
L5
L6
♂
♀

Tafel 251 Saturniinae *Attacus lorguinii* C. & R. Felder, 1861 Palawan, Philippinen

L_1

L_2

L_3

L_4

L_6

♂

Tafel 252 Saturniinae *Attacus caesar* Maassen, 1873 Philippinen

L_1

L_2

L_3

L_5

L_4

L_6

♂

Tafel 253 Saturniinae *Attacus erebus* Fruhstorfer, 1904 Sulawesi

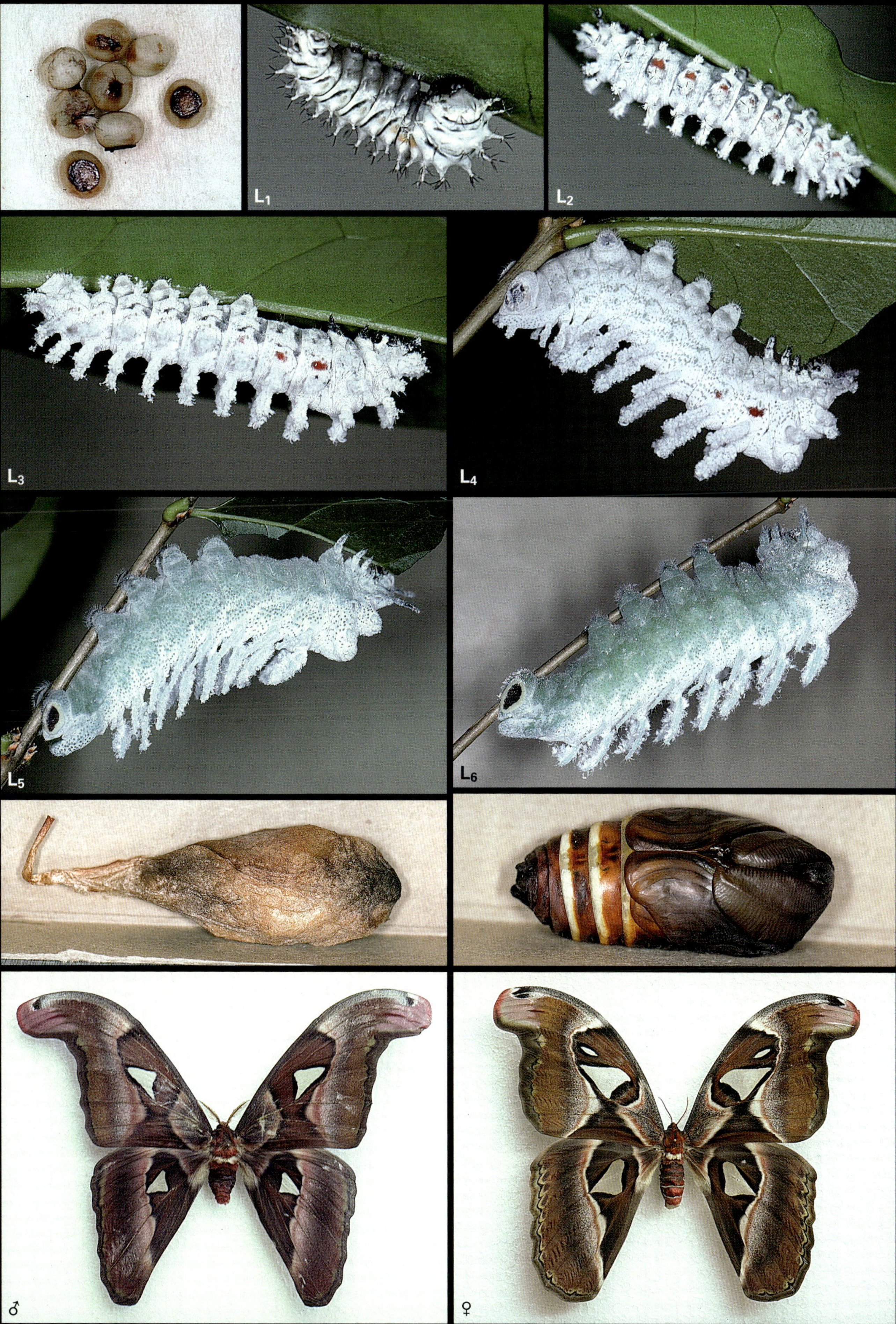

Tafel 254 Saturniinae *Archaeoattacus edwardsii* White, 1859 Indien

Tafel 255 Saturniinae *Archaeoattacus staudingeri* W. Rothschild, 1895 Sumatra

Tafel 256 Saturniinae *Samia canningi* Hutton, 1859 Laos

L_1

L_2

L_3

L_4

L_5

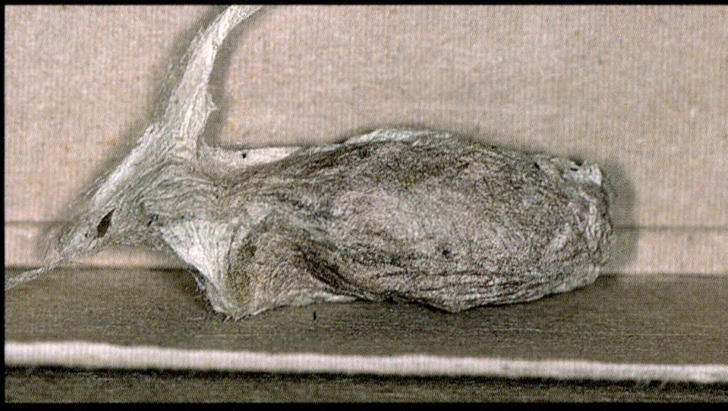

♂

♀

Tafel 257 Saturniinae *Samia insularis* Snellen van Vollenhoven, 1862 Sumatra

L_2?

L_3

L_4

L_5

♀

L_1
L_2
L_3
L_4
L_5
♂

L_1
L_2
L_3
L_4
L_5

Tafel 260 Saturniinae *Actias selene* Hübner, 1806 Indien

L_1

L_2

L_3

L_4

L_5

L_5

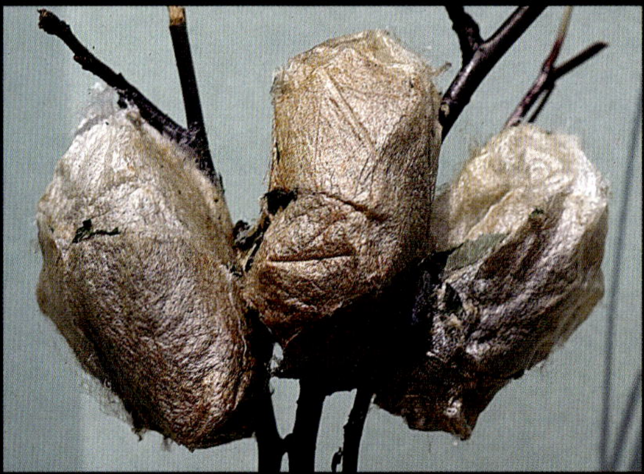

♂

♀

Tafel 261 Saturniinae *Actias selene* Hübner, 1806 Sri Lanka

L1
L2
L3
L4
L5
♂
♀

Tafel 263 Saturniinae *Actias selene ningpoana* Felder, 1862 Taiwan

L1

L2

L3

L4

L5

L5

♂

♀

L1

L2

L3

L4

L5

Tafel 266 Saturniinae *Actias maenas diana* Maassen, 1872 Sumatra

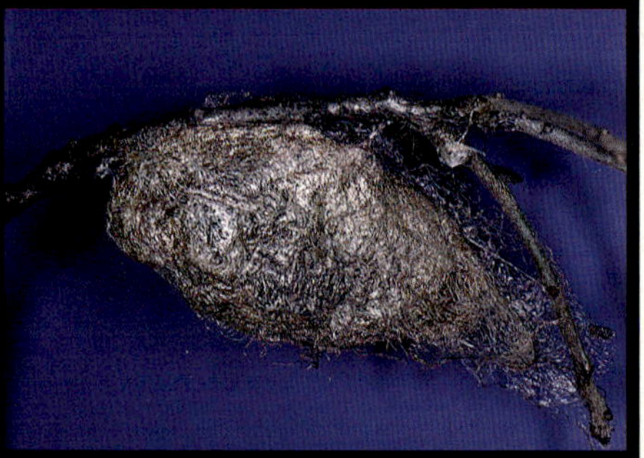

Tafel 267 Saturniinae *Actias rhodopneuma* Röber, 1925 Vietnam

L_1

L_2

L_3

L_4

L_5

L_6

♂

♀

L1
L2
L3
L4
L5
♂
♀

L1
L3
L3
L4
L5
♂
♀

L1
L2
L3
L4
L5
L6
♂
♀

L1
L2
L3
L4
L5
L6
L7

L1
L2
L3
L4
L5
♂
♀

Tafel 274 Saturniinae *Antheraea larissa* Westwood, 1847 Thailand

L1
L2
L3
L4
L4-5
L5
♂
♀

L_1
L_2
L_3
L_4
♂
♀

L_1

L_2

L_3

L_4

L_5

♀

Tafel 278 Saturniinae *Antheraea pratti* Bouvier, 1928 Sumatra

L1

L2

L3

L4

L5

♂

♀

L1
L2
L3
L4
L5
♂
♀

Tafel 281 Saturniinae *Antheraea roylei roylei* Moore, 1858 Thailand

L_1
L_2
L_3
L_4
L_5
L_6
♂
♀

Tafel 283 Saturniinae *Loepa katinka* Westwood, 1848 Indien

L_1

L_2

L_3

L_4

L_5

♂

L_1

L_2

L_3

L_4

L_5

♀

Tafel 286 Saturniinae *Loepa minahassae* Mell, 1938 Sulawesi

Tafel 287 Saturniinae *Loepa miranda* Moore, 1879 Thailand

L_1
L_2
L_3
L_4
L_5
♂
♀

L1
L2
L3
L4
L5

Tafel 290 Saturniinae *Saturnia lindia* Moore, 1865 Indien

Tafel 291 Saturniinae *Saturnia pinratanai* Lampe, 1989 Thailand

L_5

L_6

L_7

♂

♀

L1
L2
L3
L4
L5
♂
♀

L_1

L_2

L_3

L_4

L_5

♂

♀

Tafel 294 Saturniinae *Cricula agria* Jordan, 1909 Indien

Tafel 295 Saturniinae *Cricula jordani* Bryk, 1944 Vietnam

Tafel 296 Saturniinae *Cricula trifenestrata trifenestrata* Helfer, 1837 Indien

Tafel 297 Saturniinae *Cricula trifenestrata javana* Watson, 1913 Sumatra

Tafel 298 Saturniinae *Cricula trifenestrata javana* Watson, 1913 Java

Tafel 299 Saturniinae *Cricula trifenestrata javana* Watson, 1913 Java

L1
L2
L3
L4
L5
L5
♂
♀

L1
L2
L3
L4
L6
L5
L6

Tafel 302 Salassinae *Salassa thespis* Leech, 1890 Thailand

Tafel 303 Agliinae *Aglia tau* Linnaeus, 1758 Österreich

L_1

L_2

L_3

L_4

L_5

♂

♀

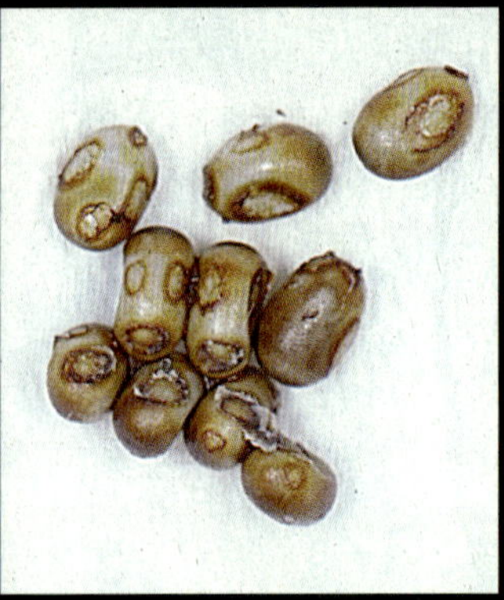

L_1

L_2

L_3

L_4

L_5

♂

♀

L_1

L_2

L_3

L_4

L_5

♂

Tafel 307 Saturniinae *Saturnia spini* Denis & Schiffermüller, 1775 Mazedonien

L1
L2
L3
L4
L5
♂
♀

Tafel 309 Saturniinae *Saturnia atlantica* Lucas, 1848 Algerien

Tafel 310 Saturniinae *Saturnia simla* Westwood, 1874 China

L1

L2

L3

L4

L5

♂

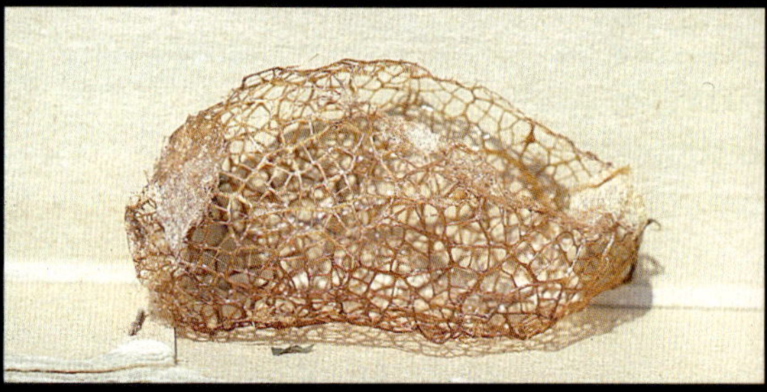

Tafel 312 Saturniinae *Saturnia cachara* Moore, 1872 China

L_1

L_2

L_3

L_4

L_5

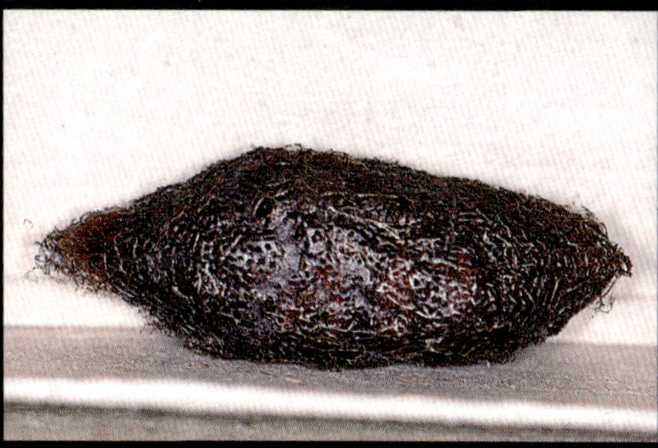

♂

♀

L1

L2

L3

L4

L5

♀

Tafel 314 Saturniinae *Saturnia boisduvalii* Eversmann, 1847 Russland

L1
L4
L2
L3
L5
♂
♀

Tafel 316 Saturniinae *Saturnia jonasii* Butler, 1877 Japan

Tafel 317 Saturniinae *Saturnia thibeta* Westwood, 1853 Bhutan

L1
L2
L3
L4
♂
♀

L_1

L_2

L_3

L_4

L_5

Tafel 320 Saturniinae *Perisomena huttoni naessigi* de Freina, 1992 Türkei

L1
L2
L3
L4
♂
♀

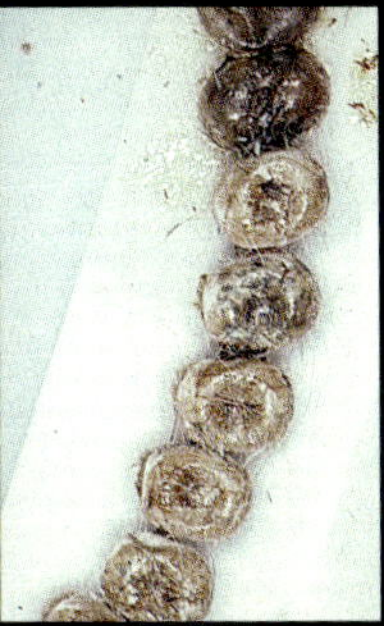

L_1

L_2

L_3

L_4

L_5

L_5

♂

♀

Tafel 323 Saturniinae *Antheraea pernyi* Guérin-Meneville, 1855 Russland

L1
L2
L3
L4
L5
♂
♂
♀

Tafel 325 Saturniinae *Rhodinia jankowskii* Oberthür, 1881 Japan

Tafel 326 Saturniinae *Rhodinia fugax* Butler, 1877 Japan

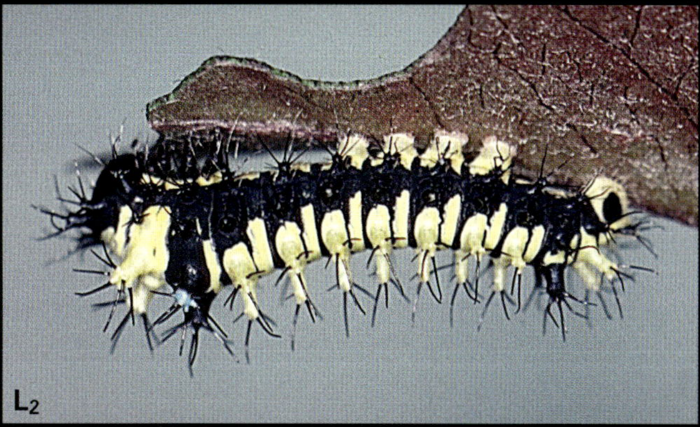

L_1
L_2
L_3
L_4
L_5
♂
♂
♀

L1
L2
L3
L4
L5

Tafel 329 Saturniinae *Actias isabellae* Graells, 1849 Spanien

Tafel 330 Saturniinae *Actias gnoma* Butler, 1877 »Japan«

Tafel 331 Saturniinae *Actias sinensis* Walker, 1855 China

L_1

L_2

L_3

L_4

L_5

L_5

♂

♀

L$_1$

L$_2$

L$_3$

L$_4$

L$_5$

♂

♀

Tafel 334 Saturniinae *Actias artemis* Bremer, 1861 Süd-Korea

L_1

L_2

L_3

L_4

L_5

♂

Tafel 336 Saturniinae *Loepa microocellata* Naumann & Kishida, 2001 China

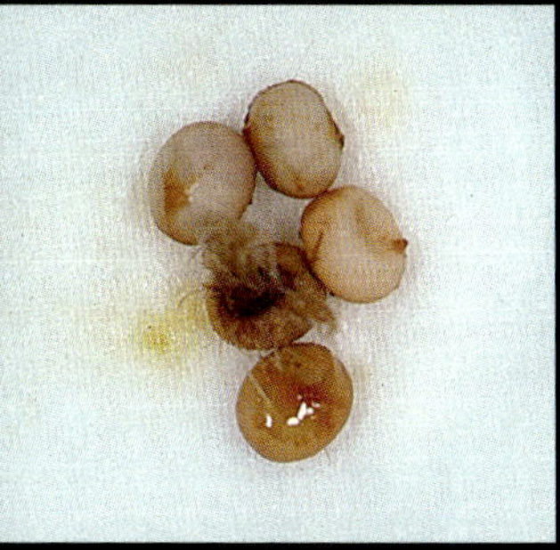

Zuchtprotokolle

Saturniinae – Australische Region

Coscinocera Butler, 1879

1 *Coscinocera hercules* Miskin, 1875
Fundort: PNG, Morobe-Provinz
Zuchtdaten:
L1 ab 26.06.1990
L2 ab 03.07.1990
L3 ab 09.07.1990
L4 ab 15.07.1990
L5 ab 23.07.1990
L6 ab 02.08.1990
Verpuppung ab 16.08.1990
Falter ab 10.10.1990
Futterpflanze: *Ligustrum* (Liguster)

Opodiphthera Wallengren, 1858
(*Austrocaligula* Cockerell, 1914)

2 *Opodiphthera helena* White, 1843
Fundort: »Australien«
Zuchtdaten:
L1 ab 06.02.2000
L2 ab 12.02.2000
L3 ab 18.02.2000
L4 ab 25.02.2000
L5 ab 04.03.2000
Die einzige Raupe verstarb in L5
Futterpflanze: *Eucalyptus gunnii*

3 *Opodiphthera janetta* White, 1843
(*Syntherata* Maassen 1873)
Fundort: Australien, Nord-Queensland
Zuchtdaten:
L1 ab 28.04.2003
L2 ab 02.05.2003
L3 ab 05.05.2003
L4 ab 08.05.2003
L5 ab 12.05.2003
Verpuppung ab 31.05.2003
Falter ab 25.01.2004
Futterpflanze: Zierapfel *(Malus hillieri)* und Eiche *(Quercus)* (in L5)

4 *Opodiphthera eucalypti* Scott, 1864
(*Austrocaligula* Cockerell, 1914)
Fundort: Neuseeland
Zuchtdaten:
L1 ab 24.10.1994
L2 ab 29.10.1994
L3 ab 04.11.1994
L4 ab 09.11.1994
L5 ab 16.11.1994
Verpuppung ab 29.11.1994
Falter ab 17.05.1996
Futterpflanze: *Eucalyptus gunnii*

5 *Opodiphthera eucalypti* Scott, 1864
(*Austrocaligula* Cockerell, 1914)
Fundort: Australien
Zuchtdaten:
L1 ab 06.02.2000
L2 ab 11.02.2000
L3 ab 15.02.2000
L4 ab 24.02.2000
L5 ab 06.03.2000
Verpuppung ab 16.03.2000
Falter ab 29.05.2002
Futterpflanze: *Eucalyptus gunnii*
Nur 1 Kokon. Das Weibchen schlüpfte erst nachdem die Puppe dem Kokon entnommen und zur Nachahmung der Regenzeit ca. drei Wochen lang sehr feucht gehalten wurde.

Ludiinae – Äthiophische Region

Ludia Wallengren, 1865

6 *Ludia delegorguei* Boisduval, 1847
Fundort: RSA, Transvaal, Pretoria
Futterpflanze: *Brachylaena discolor*, *Vernonia oligocephala*

7 *Ludia delegorguei vetusta* Strand, 1911
Fundort: SWA, Namibia, Windhoek
Fotos: R. Oberprieler

Vegetia Jordan, 1922

8 *Vegetia dewitzi* Maassen & Weyding, 1885
Fundort: RSA, Cape Province, Middelburg
Futterpflanze: *Eriocephalus ericoides*
Fotos: R. Oberprieler

9 *Vegetia ducalis* Jordan, 1922
Fundort: RSA, Cape Province
Fotos: R. Oberprieler

10 *Vegetia grimmia* Geyer, 1831
Fundort: RSA, Cape Province
Fotos: R. Oberprieler

Holocerina Pinhey, 1956

11 *Holocerina agomensis* Karsch, 1896
Fundort: Zimbabwe
Fotos: N. Duke, ohne Angabe der Stadien.

12 *Holocerina angulata* Aurivillius, 1893
Foto: N. Duke, ohne Angabe des Stadiums.

13 *Holocerina rhodesiensis* Janse, 1918
Fundort: Zimbabwe
Fotos: N. Duke, ohne Angabe der Stadien.

14 *Holocerina smilax* Westwood, 1849
Fundort: RSA, Transkei, Umtata (Natal)
Zuchtdaten:
L1 ab 29.11.1987
L2 ab 07.12.1987
L3 ab 14.12.1987
L4 ab 20.12.1987
Verpuppung ab 25.12.1987
Falter ab 31.01.1988
Futterpflanze: *Ligustrum* (Liguster)

Micragone Walker, 1855

15 *Micragone ansorgei* Rothschild, 1907
Fundort: Zimbabwe
Fotos: N. Duke

16 *Micragone cana* Aurivillius, 1893
Fundort: ? Zimbabwe
Foto: N. Duke, ohne Angabe des Stadiums.

17 *Micragone herilla* Westwood, 1849
Fundort: Sierra Leone, Peninsula Mountains
Das Stadium der beiden größeren Raupen ist unklar.

Goodia Holland, 1893

18 *Goodia kuntzei* Dewitz, 1881
Fundort: Zimbabwe
Fotos: N. Duke, ohne Angabe der Stadien

Orthogonioptilum Karsch, 1892

19 *Orthogonioptilum incana* Sonthonnax, 1898
Fundort: Zimbabwe
Fotos: N. Duke, ohne Angabe der Stadien

Decachorda Aurivillius, 1898

20 *Decachorda aspersa* Bouvier, 1927
Fundort: Tanzania, Savannas
Zuchtdaten:
L1 ab 23.02.2005
L2 ab 01.03.2005
L3 ab 10.03.2005
L4 ab 16.03.2005
L5 ab 24.03.2005
Verpuppung ab 05.04.2005
Falter ab 05.07.2005
Futterpflanze: *Cyperus alternifolius* (Zypergras)
Gelege vom 07.02.2005. Die Raupen versteckten sich tagsüber zwischen den Grashalmen vor der Erde. Von acht Raupen verpuppten sich lediglich drei. Die Verpuppung erfolgte im Totlaub auf der Erde, die restlichen Raupen verstarben nach längerer Liegedauer.

21 *Decachorda rosea* Aurivillius, 1898
Fundort: Zimbabwe
Fotos: N. Duke, ohne Angabe der Stadien.

Saturniinae – Äthiophische Region

Antherina Sonthonnax, 1901

22 *Antherina suraka* Boisduval, 1833
Fundort: Madagaskar, Tananarive
Zuchtdaten:
L1 ab 20.04.1990
L2 ab 24.04.1990
L3 ab 27.04.1990
L4 ab 01.05.1990
L5 ab 05.05.1990
Verpuppung ab 12.05.1990
Falter ab 17.06.1990
Futterpflanze: *Malus hillieri* (Zierapfel)
Auffällig sind die starken Variationen im letzten Raupenstadium.

Argema Wallengren, 1858

23 *Argema mimosae* Boisduval, 1847
Fundort: Süd-Zaire, Provinz Shaba
Zuchtdaten:
L1 ab 30.07.1991
L2 ab 07.08.1991
L3 ab 11.08.1991
L4 ab 16.08.1991
L5 ab 21.08.1991
Verpuppung ab 31.08.1991
Falter ab 29.09.1991
Futterpflanze: *Rhus* (Essigbaum)

24 *Argema mimosae* Boisduval, 1847
Fundort: RSA, Transvaal
Fotos: R. Oberprieler

25 *Argema mittrei* Guérin-Meneville, 1847
Fundort: Madagaskar, Tananarive
Falter ab 11.1993

Futterpflanze: *Ligustrum ovalifolium* (Liguster) und *Quercus turneri* (Immergrüne Eiche)

Epiphora Wallengren, 1860

26 *Epiphora pelosoma* Rothschild, 1907
Fundort: Tanzania, West Usambara Mountains, 1400 m
Zuchtdaten:
L1 ab 11.11.2005
L2 ab 20.11.2005
L3 ab 28.11.2005
L4 ab 04.12.2005
L5 ab 13.12.2005
Futterpflanze: *Ceanothus* (Säckelblume)
Mangels Futters im Dezember verstarben die Raupen im letzten Stadium.

27 *Epiphora bauhiniae* Guérin-Meneville, 1829
Fundort: Namibia, Windhoek
Fotos: R. Oberprieler

28 *Epiphora bauhiniae schultzei* Aurivillius, 1905
Fundort: Tschad, Ndjamena
Zuchtdaten:
L1 ab 09.09.1995
L2 ab 13.09.1995
L3 ab 18.09.1995
L4 ab 23.09.1995
L5 ab 28.09.1995
Futterpflanze: *Ceanothus* (Säckelblume)

29 *Epiphora lugardi* Kirby, 1894
Fundort: Ost-Äthiopien, bei Harar
Zuchtdaten:
L1 ab 22.06.1995
L2 ab 26.06.1995
L3 ab 30.06.1995
L4 ab 04.07.1995
L5 ab 07.07.1995
Verpuppung ab 14.07.1995
Falter ab 15.05.1996
Futterpflanze: *Ceanothus* (Säckelblume)

30 *Epiphora mythimnia* Westwood, 1849
Fundort: RSA, Ost-Transvaal
Zuchtdaten:
L1 ab 02.05.1983, ca. 4-5 mm lang
L2 ab 09.05.1983
L3 ab 14.05.1983
L4 ab 21.05.1983
L5 ab 28.05.1983, ca. 65 mm lang, ca. 15 mm ∅
Verpuppung ab 09.06.1983
Falter ab 15.07.1983
Futterpflanze: *Frangula alnus* (Faulbaum)

Pseudantheraea Weymer, 1892

31 *Pseudantheraea discrepans* Butler, 1878
Fundort: Cameroun, Nkoemuone
Zuchtdaten:
L1 ab 16.07.1993
L2 ab 28.07.1993
L3 ab 06.08.1993
L4 ab 15.08.1993
L5 ab 23.08.1993
L6 ab 31.08.1993
L7 ab 10.09.1993
Verpuppung ab 22.09.1993
Falter ab 05.02.1994
Futterpflanze: *Salix caprea* (Salweide)
Temperatur und Standort: Offene Zimmerzucht bei 23-25 °C.
Ei: Sehr klein, 1,5 × 1 mm, seitlich abgeplattet, weiß.
Obwohl ich die Eier täglich besprühte, erkläre ich mir den späten Schlupf der Räupchen erst nach vier Wochen durch das zu trockene Klima in der Wohnung. Aber auch eine eventuell sehr niedrige Temperatur in der Frachtmaschine von Kamerun nach Europa könnte die Verzögerung in der Entwicklung verursacht haben. Weitere Untersuchungen sind nötig.
Bereits im 1. Stadium starben 7 von 13 Räupchen, obwohl die Salweide sofort angenommen wurde. Auch hier könnte der Grund in dem zu trockenen Klima liegen. Ein Ansprühen unterließ ich bewusst, um Krankheiten zu vermeiden. Dies könnte falsch gewesen sein.
Die geschlüpften Räupchen waren sehr klein, 5-6 mm lang. Nachmittags gegen 17 Uhr verließen die Raupen regelmäßig die Fraßzweige und hielten sich am Flaschenhals für ca. 1 Stunde auf. Das könnte ein Urinstinkt sein, um von tropischen Regenfällen nach der Aufheizung des Tages nicht abgespült zu werden.
Bis zum 7. Stadium fraßen die Raupen nur in enger Gemeinschaft, ein typisches Verhalten afrikanischer Saturniiden.
Verpuppungsphase: Die Raupen waren 120 mm lang und 15 mm breit, also ziemlich schlank. Zuerst blieben sie zwei Tage lang in Ruhestellung, anschließend verfärbten sie sich dunkelbraun und das zweitägige Anspinnen begann, anschließend absolute Ruhelage und am 02.10.1993, also zehn Tage nach Entleerung, erschien die erste Puppe. Die in voller Länge erhaltene Exuvie fiel in der Regel zu Boden.
Die Zucht erbrachte sechs Puppen, davon fünf weibliche.
Schlupf: Im Hinblick auf den bevorstehenden europäischen Winter besprühte ich die Puppen täglich leicht und wartete ab.
Ende Januar 1994 verfärbte sich eine erste Puppe oliv-bräunlich und nach fünf Tagen schlüpfte ein völlig verkrüppeltes Weibchen. Sofort kamen mir erhebliche Zweifel an der Unterbringung der Puppen bei Zimmertemperaturen und eher niedriger Luftfeuchtigkeit (Zentralheizung) und ich stellte sie in einen größeren Plastikkübel mit Deckel in Heizkörpernähe und schaffte durch ständiges Besprühen – ca. 5-6 mal täglich – ein den westafrikanischen Regenwäldern entsprechendes Mikroklima mit ständig höchster Luftfeuchtigkeit bei durchschnittlichen Temperaturen von tagsüber ca. 28 °C und nachts ca. 21 °C. Ich war bereit, die Puppen gegebenenfalls diesem Versuch zu opfern, denn das Ergebnis war nicht vorhersehbar.
Doch der gerade noch rechtzeitige Blick auf die Klimawandkarte und das schnelle Handeln gaben mir recht, denn vom 17.2.-11.3.1994 schlüpften vier makellose Weibchen.
Schlupfzeit: Das einzige Männchen schlüpfte am 31.3.1994 nach 22 Uhr. Die Entwicklung in der Puppe begann mit leicht dunklerer Verfärbung am 21.3. bis zu massiver olivgelb-bräunlicher Verfärbung und Streckung während der letzten drei Tage.

Tagoropsis Felder, 1874

32 *Tagoropsis flavinata* Walker, 1865
Fundort: RSA, Natal, Sodwana Bay
Futterpflanze: *Allophylus natalensis*
Fotos: R. Oberprieler

33 *Tagoropsis hanningtoni* Butler, 1883
(*Tagoropsis songeana* Strand, 1911)
Fundort: Zimbabwe
Fotos: N. Duke, ohne Angabe des Stadiums.

Pselaphelia Aurivillius, 1904

34 *Pselaphelia flavivitta* Walker, 1862
Fundort: RSA, Natal
Fotos: R. Oberprieler

Urota Westwood, 1849

35 *Urota sinope* Westwood, 1849
Fundort: RSA, Natal, Hluhluwe
Fotos: L5-Raupe von R. Oberprieler, ohne Angabe des Stadiums von N. Duke.

Usta Wallengren, 1863

36 *Usta terpsichore* Maassen & Weyding, 1885
Fundort: Zimbabwe
Foto: N. Duke, ohne Angabe des Stadiums.

37 *Usta wallengrenii* Felder & Felder, 1859
Fundort: Namibia, Usakos
Fotos: R. Oberprieler.

Eochroa Felder, 1874

38 *Eochroa trimenii* Felder, 1874
Fundort: Südafrika (RSA), Cape Province
Futterpflanze: *Melianthus pectinatus*
Fotos: R. Oberprieler

Melanocera Sonthonnax, 1901

39 *Melanocera dargei* Terral, 1991
Fundort: RSA, Natal, Sodwana Bay

40 *Melanocera menippe* Westwood, 1849
Fundort: RSA, Ost-Transvaal
Zuchtdaten:
L1 ab 04.11.1982, ca. 6-7 mm lang
L2 ab 12.11.1982
L3 ab 19.11.1982
L4 ab 25.11.1982
L5 ab 02.12.1982
L6 ab 10.12.1982, ca. 100-115 mm, ca. 17 mm ∅
Verpuppung ab 22.12.1982
Falter ab 06.09.1983
Futterpflanze: *Quercus turneri* (Immergrüne Eiche)

Bunaeopsis Bouvier, 1927

41 *Bunaeopsis licharbas* Maassen & Weyding, 1885
Fundort: RCA, Bangui
Zuchtdaten:
L1 ab 21.06.1980
L2 ab 28.06.1980
L3 ab 06.07.1980
L4 ab 14.07.1980
L5 ab 26.07.1980
Verpuppung ab 07.08.1980
Falter ab 23.09.1980
Futterpflanze: *Salix caprea* (Salweide)

Ubaena Karsch, 1900

42 *Ubaena fuelleborniana* Karsch, 1900
Fundort: Tanzania, Idudzu Forest, südlich von Njombe
Zuchtdaten:
L1 ab 21.05.2005
L2 ab 31.05.2005
L3 ab 10.06.2005
L4 ab 20.06.2005
L5 ab 29.06.2005
Verpuppung ab 14.07.2005
Falter ab 06.02.2006
Futterpflanze: *Tilia* (Linde) und *Malus hillieri* (Zierapfel)
Die Raupen gehen immer erst nach ca. zweitägiger Wanderung in die Erde.

Cinabra Sonthonnax, 1901

43 *Cinabra hyperbius* Westwood, 1881
Fundort: RSA, Transvaal, Nylsvley
Fotos: R. Oberprieler

Rohaniella Bouvier, 1927

44 *Rohaniella pygmaea* Maassen & Weyding, 1885
Fundort: RSA, Transvaal
Fotos: R. Oberprieler

Pseudobunaea Bouvier, 1927

45 *Pseudobunaea irius* Fabricius, 1793
Fundort: RSA, Süd-Transvaal
Zuchtdaten:
L1 ab 25.11.1981, ca. 6 mm lang
L2 ab 01.12.1981
L3 ab 05.12.1981
L4 ab 10.12.1981
L5 ab 17.12.1981, ca. 85-95 mm lang
Verpuppung ab 29.12.1981
Falter ab 20.02.1981
Futterpflanze: *Quercus turneri* (Immergrüne Eiche)

46 *Pseudobunaea irius* Fabricius, 1793
Fundort: Kenya, Umgebung von Malindi
Zuchtdaten:
L1 ab 20.03.2005
L2 ab 28.03.2005
L3 ab 03.04.2005
L4 ab 10.04.2005
L5 ab 19.04.2005
Verpuppung ab 04.05.2005
Falter ab 16.07.2005
Futterpflanze: *Prunus laurocerasus* (Kirschlorbeer)

47 *Pseudobunaea tyrrhena tyrrhena* Westwood, 1849
Fundort: RSA, Natal, Mapumulo
Zuchtdaten:
L1 ab 06.10.1984, ca. 5 mm lang
L2 ab 12.10.1984
L3 ab 18.10.1984
L4 ab 24.10.1984
L5 ab 31.10.1984, ca. 75-80 mm lang, 18-20 mm breit
Verpuppung ab 12.11.1984
Futterpflanze: *Quercus turneri* (Immergrüne Eiche)

48 *Pseudobunaea tyrrhena maculata* Bouvier, 1930
Fundort: Kenya, Küstenprovinz Kiliti
Zuchtdaten:
L1 ab 17.05.1987
L2 ab 23.05.1987
L3 ab 29.05.1987
L4 ab 03.06.1987
L5 ab 09.06.1987
Verpuppung ab 20.06.1987
Falter ab 04.10.1987
Futterpflanze: *Malus hillieri* (Zierapfel)

49 *Pseudobunaea tyrrhena perchromatum* Darge, 2003
Fundort: Tanzania, West-Kilimanjaro
Zuchtdaten:
L1 ab 05.11.2004
L2 ab 12.11.2004
L3 ab 18.11.2004
L4 ab 26.11.2004
L5 ab 03.12.2004
Verpuppung ab 15.12.2004
Falter ab 26.02.2005
Futterpflanze: *Prunus laurocerasus* (Kirschlorbeer)

Lobobunaea Packard, 1901

50 *Lobobunaea acetes* Westwood, 1849
Fundort: Sierra Leone, Peninsula mountains, Tokay Village
Zuchtdaten:
L1 ab 31.08.1991
L2 ab 06.09.1991
L3 ab 11.09.1991
L4 ab 17.09.1991
L5 ab 23.09.1991
Verpuppung ab 04.10.1991
Falter ab 21.11.1991
Futterpflanze: *Quercus* (Eiche)
Nur nachts fressend.

51 *Lobobunaea angasana* Westwood, 1849
Fundort: RSA, Ost-Transvaal, Krokodilsberge, Pullensfarm bei Nelspruit
Zuchtdaten:
L1 ab 22.02.1989
L2 ab 02.03.1989
L3 ab 09.03.1989
L4 ab 15.03.1989
L5 ab 24.03.1989
Verpuppung ab 06.04.1989
Falter ab 30.05.1989
Futterpflanze: *Pyracantha* (Feuerdorn)

52 *Lobobunaea goodii* Holland, 1893
Fundort: Kamerun, Umgebung von Yaounde
Zuchtdaten:
Temperatur und Standort: offene Zimmerzucht bei ca. 23-24 °C.
Ei: oval, ca. 2 × 1,5 × 1,2 mm, grauweiß, teils mit dunkelbraunem Haftsekret überzogen.
L1 ab 21.05.1999, ab nachmittags nach wiederholtem kräftigem Besprühen, ca. 5 mm lang, goldgelb, Kopf und Nackenschild glänzend schwarz, Analsegment mattschwarz, die Tuberkelchen fein beborstet, Härchen auch über den Kopf geneigt.
L2 ab 28.05.1999, ca. 10 mm lang, hellgrünbeige, der Kopf zwar weiterhin auffällig glänzend schwarz, Nackenschild und Analsegment nun körperfarben, die ovalen Stigmen schwarz, ansonsten die Raupe wie im vorherigen Stadium.
L3 ab 03.06.1999, ca. 15-17 mm lang, grünbeige bis weißgrün, der Kopf nun braunbeige, die Börstchen schwarz, lateral bilden die Segmentwülstchen eine durchgehende, zitronengelbe Längslinie, ansonsten die Raupe ähnlich dem Vorstadium.
L4 ab 10.06.1999, ca. 25 mm lang, dorsallateral hell blassgrün, ventral-lateral und Kopf dunkel blassgrün, in der Regel nur noch die Höcker der Segmente 2, 3 und 11 mit schwarzen, kurzen Börstchen, bei einzelnen Raupen sind noch sämtliche Höcker beborstet; die laterale Längslinie zitronenengelb und darüber gelborange; dorsal in der Mitte eine blassbraune Längslinie, die Stigmen ebenfalls gelborange.
L5 ab 16.06.1999, ca. 40 mm lang, sehr ähnlich dem Vorstadium, jedoch ohne Börstchen, die Längslinien lateral und dorsal noch kräftiger ausgebildet, auffällig die glänzende Körnung des Afterklappen- und Nachschieberrandes. Endgröße der Raupe: ca. 65 mm lang und ca. 12 mm breit.
Nach grünbrauner Verfärbung und schwacher Entleerung gingen die ersten Raupen ab 29.06.1999 nach längerer Wanderung des Nachts in die Erde.
Verpuppung ab 29.06.1999. Puppe: graubraune, glänzende, Erdpuppe, ca. 45 mm lang und ca. 15 mm im Durchmesser, die 4 dorsalen Kopfknöpfchen ohne Auffälligkeit, die Segmente besonders ventral glänzend, der Kremaster fein gekörnt, dorsal die zwei Furchen relativ groß und tief, 3 mm lang, der Stachel 2-4 mm lang, die schmalen, ovalen Stigmen sehr klein, 1 mm lang; die Exuvie wird nach hinten weg- und zusammengedrückt.
Der erste Falter, ein Männchen, erschien in der Nacht vom 13. bis 14.08.1999
Futterpflanze: *Quercus* (Eiche)

53 *Lobobunaea phaedusa* Drury, 1782
Fundort: Sierra Leone, Peninsula mountains, Tokay village
Zuchtdaten:
L1 ab 04.09.1991
L2 ab 11.09.1991
L3 ab 17.09.1991
L4 ab 23.09.1991
L5 ab 01.10.1991
Verpuppung ab 13.10.1991
Falter ab 03.12.1991
Futterpflanze: *Quercus* (Eiche)

Imbrasia Hübner, 1816

54 *Imbrasia epimethea* Drury, 1773
Fundort: Kamerun, Umgebung von Yaounde
Zuchtdaten:
Temperatur und Standort: offene Zimmerzucht bei ca. 23-28 °C.
Ei: sehr klein, 1,0-0,8 mm, fast rund, weißgrün, einige Tage vor dem Schlupf grauweiß.
L1 ab 04.07.1999, Schlupf trotz kräftigen Besprühens der Eier über zwei Tage verteilt, ca. 3-5 mm lang, die Raupen nach dem Schlupf grauweiß, danach bald in platingrau bis braungrau übergehend, der Kopf glänzend schwarz, fein behaart.
L2 ab 14.07.1999, ca. 6 mm lang, sehr ähnlich dem Vorstadium, Kopf und Nackenschild auffällig glänzend schwarz.
L3 ab 21.07.1999, ca. 10 mm lang, dem Vorstadium noch sehr ähnlich, auffällig jetzt die langen weißen Härchen.
L4 ab 29.07.1999, ca. 18-20 mm lang, wenig verändert, der glänzende Kopf gelborange, die langen weißen Härchen noch auffälliger, die winzigen Stigmen orange.

L5 ab 07.08.1999, ca. 30-35 mm lang, die Behaarung der Tuberkeln noch markanter, lateral mit Haarbüscheln, dorsal eine feine, graue Längslinie, ansonsten wie in L_4.
L6 ab 16.08.1999, ca. 50-55 mm lang, auch im letzten Stadium fast unverändert, die Behaarung noch dichter und länger, dorsal die weiße Längslinie deutlicher, lateral eine zarte, weiße, gewellte, durch die Stigmen unterbrochene Doppellinie.
Besondere Feststellungen: Die Raupen dicht beisammen in Trauben fressend und bis zur Häutung fast drei Tage ruhend; vor der Verpuppung sind die Raupen 70-80 mm lang und ca. 12-15 mm breit; sie gingen ab 26.08.1999 alsbald oder nach langer Wanderung in die Erde.
Verpuppung ab 26.08.1999; Puppe graubraun, fast schwarz, glänzende Erdpuppe ohne Auffälligkeiten, ca. 38-42 mm lang und ca. 13-15 mm im Durchmesser; der Kremaster fein gekörnt, ohne tiefe Furche, der Stachel kurz, 1,5-2,0 mm lang, die Stigmen schmal-oval, ca. 2 mm lang.
Falter ab 20.02.2000
Futterpflanze: L1-L4: *Malus hillieri* (Zierapfel), ab L5: *Salix caprea* (Salweide)

Imbrasia Hübner, 1816
(= *Cirina* Walker, 1855)

55 *Imbrasia ertli* Rebel, 1904
Fundort: Zimbabwe
Fotos: N. Duke, ohne Angabe des Stadiums

56 *Imbrasia affinis* Bouvier, 1926
Fundort: Zimbabwe
Foto: N. Duke

57 *Imbrasia forda* Westwood, 1849
Fundort: RSA, Ost-Transvaal
Zuchtdaten:
L1 ab 11.10.1984, ca. 4 mm lang
L2 ab 19.10.1984
L3 ab 25.10.1984
L4 ab 31.10.1984
L5 ab 06.11.1984, ca. 60-70 mm lang, ca. 10-12 mm breit
Verpuppung ab 14.11.1984
Falter ab 05.05.1986
Futterpflanze: *Quercus turneri* (Immergrüne Eiche)

58 *Imbrasia truncata* Aurivillius, 1909
Fundort: Kamerun, Umgebung von Yaounde
Zuchtdaten:
L1 ab 07.07.1999
L2 ab 17.07.1999
L3 ab 25.07.1999
L4 ab 01.08.1999
L5 ab 16.08.1999
Verpuppung ab 29.08.1999
Falter ab 11.03.2000
Futterpflanze: *Malus hillieri* (Zierapfel) und ab L4 *Salix caprea* (Salweide)

Imbrasia Hübner, 1816
(= *Nudaurelia* Rothschild, 1895)

59 *Imbrasia alopia* Westwood, 1849
Fundort: RCA, Umgebung von Bangui
Zuchtdaten:
L1 ab 17.07.1982, ca. 5 mm lang
L2 ab 23.07.1982
L3 ab 29.07.1982
L4 ab 04.08.1982
L5 ab 12.08.1982, ca. 80-95 mm lang, ca. 15 mm ∅
Verpuppung ab 22.08.1982
Falter ab 24.08.1982
Futterpflanze: *Salix caprea* (Salweide)

60 *Imbrasia wahlbergii* Boisduval, 1847
Fundort: RSA, Natal
Futterpflanze: *Croton sylvatic*
Fotos: R. Oberprieler

61 *Imbrasia wahlbergii callophthalma* Rougeot, 1979
Fundort: Kenya, Ugunde, Mombasa
Zuchtdaten:
L1 ab 09.09.2000
L2 ab 17.09.2000
L3 ab 24.09.2000
L4 ab 30.09.2000
L5 ab 06.10.2000
Verpuppung ab 15.10.2000
Falter ab 24.01.2001
Futterpflanze: *Salix caprea* (Salweide)

Gonimbrasia Butler, 1878
(= *Nudaurelia* Rothschild, 1895)

62 *Gonimbrasia belina* Westwood, 1849
Fundort: RSA, Transvaal
Fotos: R. Oberprieler

63 *Gonimbrasia belina cocaulti* Darge & Terral, 1992
Fundort: Kenya, Sagala Hills, Rockside Camp
Zuchtdaten:
L1 ab 20.05.1992
L2 ab 26.05.1992
L3 ab 02.06.1992
L4 ab 07.06.1992
L5 ab 12.06.1992
Verpuppung ab 21.06.1992
Falter ab 18.09.1992
Futterpflanze: *Malus hillieri* (Zierapfel)

64 *Gonimbrasia conradsi* Rebel, 1906
Fundort: Kenya, Mt. Elgon, 2200 m
Fotos: H. Probst

65 *Gonimbrasia hecate* Rougeot, 1955
Fundort: RCA, Umgebung von Bangui
Zuchtdaten:
L1 ab 08.07.1981, ca. 5 mm lang
L2 ab 16.07.1981
L3 ab 24.07.1981
L4 ab 02.08.1981
L5 ab 13.08.1981, ca. 80 mm lang, 16-20 mm ∅
Verpuppung ab 29.08.1981
Falter ab 30.01.1982
Futterpflanze: *Malus* (Kulturapfel) und im 1. Stadium auch an *Ligustrum* (Liguster)

66 *Gonimbrasia occidentalis* Rothschild, 1907
Fundort: Tschad, Moundu, Ndjamena, Bepalem Hospital
Zuchtdaten:
L1 ab 09.09.1995
L2 ab 16.09.1995
L3 ab 24.09.1995
L4 ab 02.10.1995
L5 ab 10.10.1995
Verpuppung ab 17.10.1995
Falter ab 11.06.1996
Futterpflanze: *Malus hillieri* (Zierapfel) und ab L5 *Quercus turneri* (Immergrüne Eiche)

67 *Gonimbrasia hoehnelii* Rogenhofer, 1891
Fundort: Tanzania, Kilimanjaro
Zuchtdaten:
L1 ab 01.07.1985, ca. 5 mm lang
L2 ab 07.07.1985
L3 ab 12.07.1985
L4 ab 16.07.1985
L5 ab 21.07.1985, ca. 80 mm lang, ca. 15 mm breit
Verpuppung ab 02.08.1985
Falter ab 13.01.1986
Futterpflanze: *Malus hillieri* (Zierapfel)

68 *Gonimbrasia tyrrhea* Cramer, 1775
Fundort: RSA, Transvaal, 200 km südöstlich von Pretoria
Futterpflanze: *Quercus turneri* (Immergrüne Eiche)

69 *Gonimbrasia tyrrhea* (♂) × *hoehnelii* (♀)
Fundort: siehe bei den beiden Arten
Zuchtdaten:
L1 ab 17.05.1986
L2 ab 24.05.1986
L3 ab 30.05.1986
L4 ab 10.06.1986
L5 ab 20.06.1986
Verpuppung ab 04.07.1986
Falter ab 19.04.1987
Futterpflanze: *Malus* (Kulturapfel)
Herrn Georg Brenner ist für das Zustandebringen dieser Kreuzung besonders zu danken.

70 *Gonimbrasia zambesina* Walker, 1865
Fundort: Ost-Kenya, Kenya Beach, Küsten-Provinz
Zuchtdaten:
L1 ab 27.09.1986
L2 ab 06.10.1986
L3 ab 14.10.1986
L4 ab 23.10.1986
L5 ab 01.11.1986
Verpuppung ab 10.11.1986
Falter ab 09.01.1987
Futterpflanze: Bis L3: *Malus hillieri* (Zierapfel), ab L4: *Quercus turneri* (Immergrüne Eiche)

71 *Gonimbrasia zambesina* Walker, 1865
Fundort: RSA, Ost-Transvaal
Zuchtdaten:
L1 ab 07.11.1990
L2 ab 15.11.1990
L3 ab 23.11.1990
L4 ab 30.11.1990
L5 ab 07.12.1990
Verpuppung ab 17.12.1990
Falter ab 14.01.1991
Futterpflanze: *Quercus turneri* (Immergrüne Eiche)

72 *Gonimbrasia alcestris* Weymer, 1907
Fundort: Tanzania, West Usambara Mountains, 1400 m
Zuchtdaten:
L1 ab 18.11.2005
L2 ab 27.11.2005
L3 ab 07.12.2005
L4 ab 15.12.2005
L5 ab 25.12.2005
Verpuppung ab 07.01.2006
Futterpflanze: *Rubus* (Brombeere)

73 *Gonimbrasia dione* Fabricius, 1793
Fundort: RCA, Fort Sibut
Zuchtdaten:
L1 ab 24.04.1991
L2 ab 03.05.1991
L3 ab 11.05.1991
L4 ab 19.05.1991

L5 ab 26.05.1991
Verpuppung ab 02.06.1991
Falter ab 05.07.1991
Futterpflanze: *Salix caprea* (Salweide)

74 *Gonimbrasia gueinzii* Staudinger, 1872
Fundort: RSA, Natal
Fotos: R. Oberprieler

75 *Gonimbrasia carnegiei* Janse, 1918
Fundort: Zimbabwe, Inyanga
Zuchtdaten:
L1 ab 25.11.1992
L2 ab 09.12.1992
L3 ab 19.12.1992
L4 ab 27.12.1992
L5 ab 05.01.1993
Verpuppung ab 16.01.1993
Falter ab 28.07.1993
Futterpflanze: *Quercus turneri* (Immergrüne Eiche)

76 *Gonimbrasia cytherea* Fabricius, 1775
Fundort: RSA, Cape-Province
Zuchtdaten:
L1 ab 01.06.1983
L2 ab 09.06.1983
L3 ab 16.06.1983
L4 ab 23.06.1983
L5 ab 30.06.1983, ca. 110-120 mm lang, ca. 20 mm ∅
Verpuppung ab 10.07.1983
Falter ab 03.10.1983
Futterpflanze: *Malus* (Kulturapfel)

77 *Gonimbrasia cytherea* Fabricius
Fundort: RSA, Süd-Transvaal
Zuchtdaten:
L1 ab 10.04.1986
L2 ab 22.04.1986
L3 ab 01.05.1986
L4 ab 07.05.1986
L5 ab 14.05.1986
Verpuppung ab 26.05.1986
Falter ab 24.02.1987
Futterpflanze: Noch in L1 von *Pinus* (Kiefer) auf *Malus hillieri* (Zierapfel) umgesetzt

Gonimbrasia Butler, 1878
(*Imbrasia* Hübner, 1816)

78 *Gonimbrasia eblis* Strecker, 1877
Fundort: Kamerun, Nko Emuone
Zuchtdaten:
L1 ab 03.07.1993
L2 ab 10.07.1993
L3 ab 19.07.1993
L4 ab 26.07.1993
L5 ab 04.08.1993
Verpuppung ab 19.08.1993
Falter ab 11.10.1994
Futterpflanze: *Salix caprea* (Salweide)

79 *Gonimbrasia jamesoni aethiops* Rothschild, 1907
Fundort: Kamerun, Umgebung von Yaounde
Zuchtdaten:
Temperatur und Standort: offene Zimmerzucht bei ca. 23 °C.
Ei: rund-oval, ca. 2 × 1,6 × 1,6 mm, rein weiß, aber alle Eier kräftig mit dunkelbraunem Haftsekret überzogen, verklumpt.
L1 ab 01.07.1999, ab früh ca. 8 Uhr bis mittags, ca. 5 mm lang, grauweiß, die Tuberkelchen als schwärzliche Pünktchen, die Börstchen graubeige, sehr auffällig der relativ große glänzend schwarze Kopf, das Analsegment blassschwarz.
L2 ab 08.07.1999, ca. 12 mm lang, grauweiß-schwarz gefleckt, die Tuberkeln honiggelb, die Härchen grauweiß, der glänzende Kopf und das Analsegment orangebraun.
L3 ab 13.07.1999, ca. 18-20 mm lang, die Grundfarbe schwarz mit dorsal-lateral feinen weißen Linien und Fleckchen, besonders um die kräftigen honiggelben Tuberkeln, letztere mit längeren weißen Härchen, der nur noch schwach glänzende Kopf und das Analsegment rotorange.
L4 ab 19.07.1999, ca. 35 mm lang, ähnlich dem Vorstadium, die untersten lateralen Fleckchen jetzt schwefelgelb, nun erkennbar, dass sich – typisch für viele afrikanische Saturniiden – diese Fleckchen aus winzigen Pünktchen zusammensetzen, die Tuberkeln jetzt rotorange, die Stigmen schwarz oval, die Füßchen glänzend schwarz mit weißlichen Härchen, Kopf, Nackenschild, Nachschieber und Afterklappe rotbraun.
L5 ab 25.07.1999, ca. 50-55 mm lang, die spitzen Tuberkeln der Segmente 2, 3 und 11 dorsal etwas länger und kräftiger, sämtliche Tuberkeln nur noch mit wenigen, kurzen Börstchen, ansonsten die Raupen wie im Vorstadium. Vo der Verpuppung sind die Raupen ca. 70-80 mm lang und ca. 12-15 mm breit.
Sie gingen nach üblicher schwacher Entleerung ab 31.07.1999 alsbald oder erst nach längerer Wanderung von bis zu 10 Stunden in die Erde.
Verpuppung ab 31.07.1999. Typische afrikanische, stark glänzende schwarze Erdpuppe, ohne Auffälligkeiten, der kremsterstachel fein beborstet, ca. 40 mm lang und ca. 13-15 mm im Durchmesser. Die Kremasterfurchen nicht so ausgeprägt wie z.B. bei der Gattung *Lobobunaea*.
Die Exuvie wird nicht zu einem mit Erde vermischten Klümpchen zusammengeschoben, sondern von der Puppe dorsal gesprengt und bleibt somit zumindest teilweise erhalten. Diese Beobachtung könnte für die taxonomische Einordnung wichtig sein.
Anmerkung zu Taxonomie: Bisher war diese Art in der nicht gerade zahlreichen Literatur über die afrikanischen Saturniiden meist in der Gattung *Lobobunaea* zu finden, sicher auch wegen der bisherigen Unkenntnis der Präimaginalstadien. Erst in dem im Juli 1999 erhaltenen neuen Katalog von T. Bouyer wird diese Unterart in die Gattung *Gonimbrasia* zurückgeführt.
Falter ab 24.10.1999
Futterpflanze: *Quercus* (Eiche)

80 *Gonimbrasia macrothyris* Rothschild, 1906
Fundort: Zimbabwe
Foto: N. Duke (Stadium unklar)

Bunaea Hübner, 1816

81 *Bunaea alcinoe* Stoll, 1780
Fundort: RCA, bei Bangui
Zuchtdaten:
L1 ab 12.07.1982, ca. 5 mm lang
L2 ab 17.07.1982
L3 ab 24.07.1982
L4 ab 01.08.1982
L5 ab 07.08.1982, ca. 110-120 mm lang, 17-20 mm ∅
Verpuppung ab 15.08.1982
Falter ab 16.10.1982
Futterpflanze: *Ligustrum ovalifolium* (Liguster)

82 *Bunaea alcinoe* Stoll, 1780
Fundort: RSA, Ost-Transvaal
Zuchtdaten:
L1 ab 12.10.1984
L2 ab 19.10.1984
L3 ab 27.10.1984
L4 ab 03.11.1984
L5 ab 11.11.1984
Verpuppung ab 22.11.1984
Falter ab 01.07.1985
Futterpflanze: *Ligustrum ovalifolium* (Liguster)

83 *Bunaea alcinoe* Stoll, 1780
Fundort: Äthiopien
Zuchtdaten:
L1 ab 16.08.1985
L2 ab 27.08.1985
L3 ab 05.09.1985
L4 ab 13.09.1985
L5 ab 21.09.1985
Verpuppung ab 01.10.1985
Falter ab 04.04.1986
Futterpflanze: *Ligustrum ovalifolium* (Liguster)

84 *Bunaea aslauga* Kirby, 1877
Fundort: Madagaskar, Süden
Zuchtdaten:
L1 ab 25.10.1989
L2 ab 02.11.1989
L3 ab 11.11.1989
L4 ab 19.11.1989
L5 ab 28.11.1989
Verpuppung ab 10.12.1989
Falter ab 22.08.1990
Futterpflanze: *Ligustrum ovalifolium* (Liguster)

Pseudimbrasia Rougeot, 1962

85 *Pseudimbrasia deyrollii* Thomson, 1858
Fundort: RCA, Umgebung von Damara
Zuchtdaten:
L1 ab 30.05.1996
L2 ab 05.06.1996
L3 ab 10.06.1996
L4 ab 16.06.1996
L5 ab 24.06.1996
Verpuppung ab 07.07.1996
Falter ab 19.10.1996
Futterpflanze: *Salix caprea* (Salweide) und *Quercus* (Eiche)

Gynanisa Klug, 1836

86 *Gynanisa maja* Klug, 1836
Fundort: RSA, Umgebung von Pretoria
Zuchtdaten:
L1 ab 18.12.1982, ca. 5 mm lang
L2 ab 22.12.1982
L3 ab 26.12.1982
L4 ab 31.12.1982
L5 ab 06.01.1983, ca. 90-100 mm lang, 17-20 mm ∅
Verpuppung ab 14.01.1983
Falter ab 23.10.1983
Futterpflanze: *Quercus turneri* (Immergrüne Eiche)

87 *Gynanisa maja* Klug, 1836
Fundort: Kenya, Bushwhacker, Athi River
Zuchtdaten:
L1 ab 02.09.1987

L2 ab 10.09.1987
L3 ab 17.09.1987
L4 ab 24.09.1987
L5 ab 02.10.1987
Verpuppung ab 19.10.1987
Falter ab 31.12.1987
Futterpflanze: *Malus hillieri* (Zierapfel)

Athletes Karsch, 1896

88 *Athletes gigas* Sonthonnax, 1904
Fundort: Zimbabwe
Foto: N. Duke (Stadium unklar)

89 *Athletes semialba* Sonthonnax, 1904
Fundort: Süd-Tanzania, Umgebung von Njombe
Zuchtdaten:
Temperatur und Standort: offene Zimmerzucht bei ca. 23-25 °C.
Ei: oval, fast rund, 2 × 1,9 mm, weiß, meist mit hell-bis dunkelbraunem Haftsekret überzogen.
L1 ab 08.01.2003, ca. 3 mm lang, die Räupchen einfarbig schwarz, auch die Kopfkapsel und die Börstchen.
L2 ab 14.01.2003, ca. 8 mm lang, Grundfarbe glänzendes grünbeige, mit 12 schwarzen beborsteten Segmentbögen, Kopf glänzend braunrot, lateral des letzten Segments ebenfalls braunrot.
L3 ab 21.01.2003, ca. 15 mm lang, dem Vorstadium sehr ähnlich, die schwarzen Segmentbögen mit den etwas längeren Börstchen und der braunrote Kopf noch markanter.
L4 ab 30.01.2003, ca. 20 mm lang, die Raupen nun völlig verändert, die Segmente in der Mitte hellblau, mesial wie distal elfenbeinfarbig, mit zahlreichen perlweißen Pünktchen; kräftige ockerbraune, schwarz beborstete Scoli, besonders dorsal; lateral der Segmente Wülstchen, nur bei wenigen Raupen lateral bereits ein silbernes Fleckchen; Kopf und Analsegment rotorange, Nackenschild ockerbraun, die Bauchfüßchen schwarz bebändert, die Brustfüßchen kupferbraun; die gesamte Raupe ziemlich glänzend.
L5 ab 09.02.2003, ca. 40-45 mm lang, die Grundfarbe dorsal lichtblau bis blassgün, lateral in grasgrün übergehend, die Segmente mit vielen zitronengelben bis zinkgelben, runden bis ovalen Fleckchen; Kopf, Nackenschild, Nachschieberklappe sowie Seitenflecke und Brustfüßchen lehm- bis kupferbraun, die glänzenden spitzen Scoli orangebraun, das dorsale des 11 Segments zweispitzig; mesial und lateral der Scoli mit Ausnahme der unteren Reihe sehr auffällige, kräftige silberglänzende Flecke, die Stigmen jetzt gut sichtbar oval, blass orangebraun, die Bauchfüße lateral dunkelgrün bis glänzend schwarz.
Sonstige Hinweise: Die Exuvien wurden nur teilweise gefressen, Tag- und Nachtfresser, bis L4 vermehrt in Gemeinschaft fressend. Vor dem Gang in die Erde ab 25.02.2003 sind die Raupen mit leichter ockerbrauner Tarnfarbe ca. 80-90 mm lang und ca. 15-18 mm im Durchmesser. Nur minimale wässrige Entleerung, teils nur etwas feuchtere Kotbällchen (Futterpflanze?).
Die Dauer der überirdischen Wanderung dürfte sehr von der Beschaffenheit des Bodens abhängen, denn Löcher in weicher Erde wurden sofort angenommen.
Verpuppung ab 25.02.2003. Typische afrikanische Erdpuppe, schwarzbraun, relativ gedrungen, Maße unabhängig vom Geschlecht: 49-51 mm lang, 17-18 mm breit bzw. hoch, insbesondere die Abdominalsegmente mit verstärktem Rand, die Segmente 6-8 innen mit 5-7 Rillen, der Kremaster gekörnt, dorsal die beiden Furchen schwach ausgeprägt, lateral in einer glatten, glänzenden Rinne auslaufend, der Kremasterstachel kurz, geschlechtsunabhängig nur 2 mm lang, feinst beborstet, die Stigmen oval, 1,8-2 mm lang, ca. 0,8 mm breit, wie die Puppe schwarzbraun. Die Puppe ruht frei in der Erde, die etwas zusammengedrückte Exuvie ist noch ca. 35 mm lang. Die Verpuppung erfolgte in weicher Erde, ca. 150 mm tief anm Kastenboden.
Der erste Falter, ein Männchen, erschien am 16.05.2003.
Futterpflanze: L_1: *Pyracantha* (Feuerdorn), danach *Prunus laurocerasus* (Kirschlorbeer)

Heniocha Hübner, 1816

90 *Heniocha apollonia* Cramer, 1779
Fundort: RSA, Natal, Transvaal, Cape-Provinz
Futterpflanze: *Acacia*
Fotos: R. Oberprieler

91 *Heniocha dyops* Maassen, 1872
Fundort: RSA, Natal, Transvaal, u.a.
Fotos: R. Oberprieler

Aurivillius Packard, 1902

92 *Aurivillius aratus* Westwood 1849
Fundort: Kamerun, Umgebung von Yaounde
Zuchtdaten:
Temperatur und Standort: Offene Zimmerzucht bei ca. 23-28 °C.
Ei: Fast rund, ca. 2 mm × 1,8 mm, grünbeige bis olivgelb, in Klümpchen, teils mit Haftwolle, täglich besprüht.
L1 ab 23.06.1999 vormittags, 5 mm lang, sandgelb, der Kopf glänzend schwarz, der Nackenschild ebenfalls schwarz, dorsal ein schwarzer Längsstreifen sowie lateral der Segmente feine schwarze Vertikalstreifchen, die Räupchen orangebraun beborstet.
L2 ab 01.07.1999, ca. 10-12 mm lang, Grundfarbe olivgelb, der Kopf glänzend hellgoldgelb, die beiden dorsalen Börstchenreihen jetzt tiefschwarz.
L3 ab 07.07.1999, ca. 20 mm lang, die Grundfarbe weiterhin hell-olivgelb, ebenso der glänzende Kopf, die Börstchen jetzt rotorange, auffällig die Silberwülstchen dorsal des Nackenschildes und lateral der Segmnente 2, 5 und 9.
L4 ab 14.07.1999, ca. 30 mm lang, die Grundfarbe dorsal gelbgrün, lateral-ventral sowie der glänzende Kopf dunkler, markant die lateralen, karminroten Flecken der mittleren Segmente, die melonengelben Stigmen sowie die feinen, weißen, lateralen Pünktchen der ersten drei Segmente, die Wülstchen der Nachschieber und der Afterklappe braunrot.
L5 ab 22.07.1999, ca. 45 mm lang, dem Vorstadium sehr ähnlich, die lateralen, nun braunroten Flecken auf die Segmente 4 und 11 erweitert, die schwarzen, dorsal-lateralen Börstchen der kleinen Segmentknöpfchen fehlend, die Stigmen orange.
Vor der Verpuppung sind die Raupen ca. 60-70 mm lang und ca. 13-14 mm breit. Sie gingen ab dem 01.08.1999 nach braunbeiger Verfärbung alsbald in die Erde.
Puppe: Typische »afrikanische« graubraune, fast schwarze, glänzende Erdpuppe ohne Auffälligkeiten, ca. 42-45 mm lang und ca. 15 mm breit bzw. hoch – diese Maße betreffen mur männliche Puppen –, die tiefen Kremasterfurchen im Gegensatz zu anderen Gattungen fehlend.
Falter ab 15.09.1999 gegen 20 Uhr.
Weitere Bemerkungen: In den letzten beiden Stadien fraßen die Raupen tagsüber wesentlich weniger als nachts, was nach meinen jahrelangen Beobachtungen auch auf einige Gattungen der neotropischen Region zutrifft.
Futterpflanze: *Malus hillieri* (Zierapfel), ab L1 gewässert

93 *Aurivillius fuscus* Rothschild, 1895
Fundort: RSA, Transvaal, Nylsvley
Fotos: R. Oberprieler

94 *Aurivillius triramis* Rothschild, 1907
Fundort: RCA, Umgebung von Bangui
Verpuppung ab 08.11.1992
Falter ab 18.03.1993
Futterpflanze: *Quercus turneri* (Immergrüne Eiche)

Ceratocampinae – Nearktische Region

Citheronia Hübner, 1819

95 *Citheronia splendens sinaloensis* C. C. Hoffmann, 1942
Fundort: USA, Arizona, Sta. Cruz County, Pena Planca Lake
Zuchtdaten:
L1 ab 20.07.1992
L2 ab 25.07.1992
L3 ab 31.07.1992
L4 ab 06.08.1992
L5 ab 12.08.1992
Verpuppung ab 22.08.1992
Falter ab 26.07.1993
Futterpflanze: *Rhus* (Essigbaum)

96 *Citheronia regalis* Fabricius, 1793
Fundort: USA, Tennessee, Umgebung von Memphis
Zuchtdaten:
L1 ab 17.08.1980
L2 ab 22.08.1980
L3 ab 27.08.1980
L4 ab 31.08.1980
L5 ab 06.09.1980
Verpuppung ab 16.09.1980
Falter ab 30.11.1981
Futterpflanze: *Ligustrum ovalifolium* (Liguster)

97 *Citheronia sepulcralis* Grote & Robinson, 1865
Fundort: USA, Florida, Escambia County
Zuchtdaten:
L1 ab 24.04.1997
L2 ab 28.04.1997
L3 ab 03.05.1997
L4 ab 07.05.1997

L5 ab 13.05.1997
Verpuppung ab 22.05.1997
Falter ab 22.07.1997
Futterpflanze: *Pinus* (Kiefer)

Eacles Hübner, 1819

98 *Eacles imperialis imperialis* Drury, 1773
Fundort: USA, Tennessee, Umgebung von Memphis
Futterpflanze: *Malus hillieri* (Zierapfel)

99 *Eacles imperialis pini* Michener, 1950
Fundort: Kanada, Ontario, Fitzroy Harbour
Zuchtdaten:
L1 ab 26.06.1999
L2 ab 01.07.1999
L3 ab 06.07.1999
L4 ab 14.07.1999
Futterpflanze: *Pinus* (Kiefer)
Die Raupen stabern in L4.

100 *Eacles imperialis oslari* W. Rothschild, 1907
Fundort: USA, Arizona, Santa Cruz County, Pena Blanca Lake
Zuchtdaten:
L1 ab 12.08.1996
L2 ab 16.08.1996
L3 ab 20.08.1996
L4 ab 25.08.1996
L5 ab 01.09.1996
Verpuppung ab 12.09.1996
Falter ab 20.07.1997
Futterpflanze: *Quercus* (Eiche)

Anisota Hübner, 1820

101 Ceratocampinae *Anisota senatoria* J. E. Smith, 1797
Fundort: USA, New York, East Long Island
Zuchtdaten:
L1 ab 05.07.1999
L2 ab 14.07.1999
L3 ab 23.07.1999
L4 ab 30.07.1999
L5 ab 06.08.1999
Verpuppung ab 12.08.1999
Falter ab 11.06.2000
Futterpflanze: *Quercus* (Eiche)

Dryocampa Harris, 1833

102 *Dryocampa rubicunda rubicunda* Fabricius, 1793
Fundort: USA, Michigan, Lansing
Zuchtdaten:
L1 ab 27.06.1999
L2 ab 08.07.1999
L3 ab 15.07.1999
L4 ab 21.07.1999
Verpuppung ab 28.07.1999
Falter ab 28.05.2000
Futterpflanze: *Acer* (Ahorn), in L1 auch Zierapfel

Syssphinx Hübner, 1819
(= *Sphingicampa* Walsh, 1864)

103 *Syssphinx bicolor* Harris, 1841
Fundort: USA, Iowa, Iowa-Falls
Zuchtdaten:
L1 ab 04.06.1987
L2 ab 09.06.1987
L3 ab 12.06.1987
L4 ab 15.06.1987
L5 ab 19.06.1987
Verpuppung ab 22.06.1987
Falter ab 14.07.1987
Futterpflanze: *Gleditsia triacanthos* (Gleditschie)

Hemileucinae – Nearktische Region

Hemileuca Walker, 1855

104 *Hemileuca oliviae* Cockerell, 1898
Fundort: USA, New Mexico, Union County, ca. 18 km westlich von Greenville
Futterpflanze: Schilfgras

105 *Hemileuca nevadensis* Stretch, 1872
Fundort: USA, California, Escondida
Futterpflanze: *Crataegus* (Weißdorn)

Automeris Hübner, 1819

106 *Automeris io io* Fabricius, 1775
Fundort: USA, Colorado, Littleton
Zuchtdaten:
L1 ab 22.04.1982
L2 ab 28.04.1982
L3 ab 11.05.1982
L4 ab 18.05.1982
L5 ab 26.05.1982
Verpuppung ab 06.06.1982
Falter ab 05.07.1982
Futterpflanze: *Crataegus* (Weißdorn)

107 *Automeris cecrops pamina* Neumoegen, 1882
Fundort: USA, Arizona, Pena blanca
Futterpflanze: *Quercus* (Eiche)

108 *Automeris zephyria* Grote, 1882
Fundort: USA, New Mexico, Sandia Mountains
Zuchtdaten:
L1 ab 23.06.1989
L2 ab 01.07.1989
L3 ab 09.07.1989
L4 ab 18.07.1989
L5 ab 26.07.1989
L6 ab 04.08.1989
Verpuppung ab 14.08.1989
Falter ab 10.10.1989
Futterpflanze: *Robinia pseudoacacia* (Robinie)

Saturniinae – Nearktische Region

Saturnia Schrank, 1802

109 *Saturnia mendocino* Behrens, 1878
Fundort: USA, California, Thomson Canyon
Zuchtdaten:
L1 ab 04.06.1992
L2 ab 13.06.1992
L3 ab 23.06.1992
L4 ab 03.07.1992
Futterpflanze: *Rhus* (Essigbaum)
Die Raupen starben in L4.

110 *Saturnia walterorum* Hogue & Johnson, 1958
Fundort: USA, California, Escondido
Zuchtdaten:
L1 ab 05.05.1988
L2 ab 12.05.1988
L3 ab 20.05.1988
L4 ab 29.05.1988
Verpuppung ab 10.06.1988
Falter ab 01.04.1989
Futterpflanze: *Rhus* (Essigbaum)

111 *Saturnia albofasciata* J. W. Johnson, 1938
Fundort: USA, California, San Diego County, 1000 m
Zuchtdaten:
L1 ab 18.03.1990
L2 ab 26.03.1990
L3 ab 02.04.1990
L4 ab 09.04.1990
Verpuppung ab 20.04.1990
Falter ab 15.10.1990
Futterpflanze: *Malus hillieri* (Zierapfel)

Agapema Neumoegen & Dyar, 1894

112 *Agapema homogena* Dyar, 1908
Fundort: USA, Arizona, Pima County, Mount Lemmon
Zuchtdaten:
L1 ab 05.07.1988
L2 ab 14.07.1988
L3 ab 22.07.1988
L4 ab 01.08.1988
L5 ab 11.08.1988
Verpuppung ab 01.09.1988
Falter ab 16.06.1989
Futterpflanze: L1, L2: *Malus hillieri* (Zierapfel), ab L3: *Rhus* (Essigbaum)

Antheraea Hübner, 1816

113 *Antheraea polyphemus* Cramer, 1775
Fundort: USA, Tennessee, Umgebung von Germantown
Futterpflanze: *Quercus* (Eiche)

114 *Antheraea oculea* Neumoegen, 1883
Fundort: USA, Arizona, Guadalupe Canyon, Cochise County
Zuchtdaten:
L1 ab 25.07.1993
L2 ab 01.08.1993
L3 ab 05.08.1993
L4 ab 10.08.1993
L5 ab 17.08.1993
Verpuppung ab 23.08.1993
Falter ab 20.09.1993
Futterpflanze: *Quercus* (Eiche)

Actias Leach, 1815

115 *Actias luna* Linnaeus, 1758
Fundort: USA, Texas, Hidalgo County
Zuchtdaten:
L1 ab 26.05.1979
L2 ab 30.05.1979
L3 ab 04.06.1979
L4 ab 09.06.1979
L5 ab 14.06.1979
Verpuppung ab 21.06.1979
Falter ab 13.07.1979
Futterpflanze: *Betula* (Birke)

Callosamia Packard, 1864

116 *Callosamia promethea* Drury, 1773
Fundort: USA, Pennsylvania, Pine Grove
Futterpflanze: *Betula* (Birke)

117 *Callosamia angulifera* Walker, 1855
Fundort: USA, Maryland, St. Mary's County
Zuchtdaten:
L1 ab 07.06.1995
L2 ab 14.06.1995
L3 ab 21.06.1995

L4 ab 28.06.1995
Verpuppung ab 08.07.1995
Falter ab 10.08.1995
Futterpflanze: *Malus hillieri* (Zierapfel)

118 *Callosamia securifera* Maassen, 1873
Fundort: USA, Florida, Lake County, near Leesburg
Futterpflanze: *Magnolia*

Hyalophora Duncan, 1841

119 *Hyalophora cecropia* Linnaeus, 1758
Fundort: USA, Kentucky
Zuchtdaten:
L1 ab 02.07.1978
L2 ab 07.07.1978
L3 ab 13.07.1978
L4 ab 19.07.1978
L5 ab 25.07.1978
Verpuppung ab 05.08.1978
Falter ab 20.03.1979
Futterpflanze: *Malus* (Kulturapfel)

120 *Hyalophora columbia columbia* S. I. Smith, 1865
Fundort: Kanada, Fraserburg
Futterpflanze: *Larix* (Lärche)

121 *Hyalophora columbia gloveri* Strecker, 1872
Fundort: USA, Nevada, Reno
Zuchtdaten:
L1 ab 16.05.1985
L2 ab 23.05.1985
L3 ab 28.05.1985
L4 ab 03.06.1985
L5 ab 10.06.1985
Verpuppung ab 26.06.1985
Falter ab 01.08.1985
Futterpflanze: *Malus hillieri* (Zierapfel) und *Salix caprea* (Salweide)

122 *Hyalophora euryalus* Boisduval, 1855
Fundort: USA, California
Zuchtdaten:
L1 ab 08.05.1989
L2 ab 15.05.1989
L3 ab 22.05.1989
L4 ab 28.05.1989
L5 ab 05.06.1989
Verpuppung ab 20.06.1989
Falter ab 01.05.1991
Futterpflanze: *Salix caprea* (Salweide)

Arsenurinae – Neotropische Region

Arsenura Duncan, 1841

123 *Arsenura armida* Cramer, 1779
Fundort: Venezuela, Provinz Carabobo
Futterpflanze: *Tilia* (Linde)

124 *Arsenura archianassa archianassa* Draudt, 1930
Fundort: West-Kolumbien, Alto Anchicaya, 1000 m
Zuchtdaten:
L1 ab 08.10.1987
L2 ab 16.10.1987
L3 ab 23.10.1987
L4 ab 01.11.1987
L5 ab 12.11.1987
Verpuppung ab 05.12.1987
Falter ab 12.04.1988
Futterpflanze: *Tilia* (Linde)

125 *Arsenura polyodonta* Jordan, 1911
Fundort: Mexico, Jalisco State
Zuchtdaten:
L1 ab 16.07.1986
L2 ab 25.07.1986
L3 ab 01.08.1986
L4 ab 08.08.1986
L5 ab 18.08.1986
Verpuppung ab 13.09.1986
Falter ab 28.06.1987
Futterpflanze: *Tilia platyphyllos* (Linde)
Absolute Nachtfresser, die Raupen gingen erst nach ca. 1-tägiger Wanderung in die Erde (Länge: 100 mm, Breite: 15 mm).

126 *Arsenura orbignyana* Guérin-Méneville, 1844
Fundort: Paraguay, Dep. Concepcion, Serrania San Luis
Zuchtdaten:
L1 ab 19.09.1997
L2 ab 26.09.1997
L3 ab 02.10.1997
L4 ab 09.10.1997
L5 ab 16.10.1997
Verpuppung ab 27.10.1997
Falter ab 31.05.1998
Futterpflanze: *Tilia platyphyllos* (Sommerlinde) und *Tilia cordata* (Winterlinde)
Vor der Verpuppung sind die Raupen ca. 90-95 mm land und ca. 13 mm breit.

127 *Arsenura batesii arcaei* Druce, 1886
Fundort: West-Kolumbien, Alto Anchicaya, 850 m
Zuchtdaten:
L1 ab 24.06.1986, ca. 10-12 mm lang
L2 ab 03.07.1986
L3 ab 09.07.1986
L4 ab 15.07.1986
L5 ab 28.07.1986, ca. 120-125 mm lang, ca. 20-22 mm breit
Verpuppung ab 23.08.1986
Falter ab 31.12.1986
Futterpflanze: *Tilia* (Linde)

Titaea Hübner, 1823

128 *Titaea tamerlan nobilis* Schaus, 1912
Fundort: West-Kolumbien, Alto Anchicaya, 850 m
Zuchtdaten:
L1 ab 08.05.1989
L2 ab 13.05.1989
L3 ab 18.05.1989
L4 ab 25.05.1989
L5 ab 01.06.1989
Verpuppung ab 14.06.1989
Falter ab 23.09.1989
Futterpflanze: *Tilia* (Linde)

129 *Titaea tamerlan amazonensis* Lemaire, 1980
Fundort: Venezuela, Bolivar
Zuchtdaten:
L2 ab 04.09.1988
L3 ab 10.09.1988
L4 ab 17.09.1988
L5 ab 26.09.1988
Verpuppung ab 10.10.1988
Falter ab 01.1989
Futterpflanze: *Tilia* (Linde)

Copiopteryx Duncan, 1841

130 *Copiopteryx semiramis banghaasi* Draudt, 1930
Fundort: Guatemala
Fotos: K. L. Wolfe, Kalifornien

Ceratocampinae – Neotropische Region

Eacles Hübner, 1819

131 *Eacles imperialis quintanensis* Lemaire, 1971
Fundort: Mexiko, Yucatan, Quintana Roo
Zuchtdaten:
L1 ab 14.06.1986
L2 ab 18.06.1986
L3 ab 22.06.1986
L4 ab 27.06.1986
L5 ab 01.07.1986
Verpuppung ab 09.07.1986
Falter ab 28.05.1987
Futterpflanze: *Malus hillieri* (Zierapfel)

132 *Eacles imperialis decoris* W. Rothschild, 1907
Fundort: Costa Rica, Coto Brus, Agua Buena
Zuchtdaten:
L1 ab 11.04.2000
L2 ab 15.04.2000
L3 ab 19.04.2000
L4 ab 23.04.2000
L5 ab 28.04.2000
Verpuppung ab 08.05.2000
Falter ab 17.07.2000
Futterpflanze: *Malus hillieri* (Zierapfel)

133 *Eacles imperialis anchicayensis* Lemaire, 1971
Fundort: West-Kolumbien, Valle Cauca, Alto Anchicaya, 800 m
Zuchtdaten:
L1 ab 18.01.1986, ca. 10 mm lang
L2 ab 24.01.1986
L3 ab 29.01.1986
L4 ab 06.02.1986
L5 ab 19.02.1986, ca. 90 mm lang, 18-20 mm breit
Verpuppung ab 12.03.1986
Falter ab 10.05.1986
Futterpflanze: *Quercus turneri* (Immergrüne Eiche), in L_5 teils *Pyracantha* (Feuerdorn)

134 *Eacles imperialis cacicus* Boisduval, 1868
Fundort: Venezuela, Tachira, Las Cuevas, 500 m
Zuchtdaten:
L1 ab 07.06.1987
L2 ab 12.06.1987
L3 ab 19.06.1987
L4 ab 29.06.1987
L5 ab 08.07.1987
Verpuppung ab 15.07.1987
Falter ab 15.11.1987
Futterpflanze: *Malus hillieri* (Zierapfel)

135 *Eacles imperialis opaca* Burmeister, 1878
Fundort: Nord-Argentinien, Buenos Aires
Zuchtdaten:
L1 ab 23.11.1983
L2 ab 27.11.1983
L3 ab 01.12.1983
L4 ab 05.12.1983
L5 ab 10.12.1983

Verpuppung ab 20.12.1983
Falter ab 20.11.1984
Futterpflanze: *Quercus* (Eiche)

136 *Eacles penelope* Cramer, 1775
Fundort: West-Kolumbien, Cali, 1000 m
Futterpflanze: *Malus hillieri* (Zierapfel)

137 *Eacles masoni tyrannus* Draudt, 1930
1. Zucht
Fundort: West-Kolumbien, Valle Cauca, Alto Anchicaya, 800 m
Zuchtdaten:
L1 ab 18.01.1986, ca. 10 mm lang
L2 ab 23.01.1986
L3 ab 28.01.1986
L4 ab 03.02.1986
L5 ab 11.02.1986, ca. 90-110 mm lang, 15-18 mm breit
Verpuppung ab 23.02.1986
Falter ab 12.05.1986
Futterpflanze: *Quercus turneri* (Immergrüne Eiche)

138 *Eacles masoni tyrannus* Draudt, 1930
2. Zucht mit neuer Eierlieferung aus Kolumbien.
Fundort: West-Kolumbien, Alto Anchicaya
Zuchtdaten:
L1 ab 17.05.1986
L2 ab 22.05.1986
L3 ab 27.05.1986
L4 ab 02.06.1986
L5 ab 15.06.1986
Verpuppung ab 30.06.1986
Falter ab 09.1986
Futterpflanze: *Malus hillieri* (Zierapfel)

Citheronia Hübner, 1819

139 *Citheronia brissotii meridionalis* Bouvier, 1927
Fundort: Argentinien, Prov. Entre Rios
Zuchtdaten:
L1 ab 29.11.1979
L2 ab 03.12.1979
L3 ab 07.12.1979
L4 ab 11.12.1979
L5 ab 16.12.1979
Verpuppung ab 24.12.1979
Falter ab 15.06.1980
Futterpflanze: *Ligustrum ovalifolium* (Liguster)

140 *Citheronia hamifera hamifera* W. Rothschild, 1907
Fundort: Französisch Guyana, Saül.
Zuchtdaten:
L1 ab 22.05.1995
L2 ab 30.05.1995
L3 ab 05.06.1995
L4 ab 14.06.1995
L5 ab 23.06.1995
Verpuppung ab 09.07.1995
Falter ab 25.08.1995
Futterpflanze: *Ligustrum ovalifolium* (Liguster)

141 *Citheronia lobesis lobesis* W. Rothschild, 1907
Fundort: Venezuela, Prov. Carobobo, Beguma, 800 m
Zuchtdaten:
L1 ab 16.08.1991
L2 ab 22.08.1991
L3 ab 27.08.1991
L4 ab 02.09.1991
L5 ab 10.09.1991
Verpuppung ab 18.09.1991
Falter ab 23.05.1992
Futterpflanze: *Ligustrum ovalifolium* (Liguster)

142 *Citheronia laocoon* Cramer, 1777
Fundort: Brasilien, Umgebung von Rio de Janeiro
Zuchtdaten:
L1 ab 13.09.1993
L2 ab 19.09.1993
L3 ab 24.09.1993
L4 ab 29.09.1993
L5 ab 05.10.1993
Verpuppung ab 13.10.1993
Falter ab 30.11.1993
Futterpflanze: *Ligustrum ovalifolium* (Liguster)

143 *Citheronia mexicana* Grote & Robinson, 1867
Fundort: Mexico, San Luis Potosi, El Platanito, 1050 m
Zuchtdaten:
L1 ab 08.08.1984, ca. 8 mm lang
L2 ab 17.08.1984
L3 ab 25.08.1984
L4 ab 08.09.1984
L5 ab 21.09.1984
L6 ab 01.10.1984, ca. 110 mm lang, ca. 18 mm ∅
Verpuppung ab 17.10.1984
Falter ab 27.12.1984
Futterpflanze: *Ligustrum ovalifolium* (Liguster)

144 *Citheronia bellavista bellavista* Draudt, 1930
Fundort: Kolumbien, Alto Anchicaya, 800 m
Zuchtdaten:
L1 ab 09.07.1986
L2 ab 14.07.1986
L3 ab 19.07.1986
L4 ab 24.07.1986
L5 ab 29.07.1986
L6 ab 03.08.1986
Verpuppung ab 12.08.1986
Falter ab 10.10.1986
Futterpflanze: *Ligustrum ovalifolium* (Liguster)

145 *Citheronia aroa* Schaus, 1896
Fundort: Venezuela, Caracas, Valencia
Zuchtdaten:
L1 ab 13.05.1991
L2 ab 17.05.1991
L3 ab 22.05.1991
L4 ab 28.05.1991
L5 ab 04.06.1991
Verpuppung ab 14.06.1991
Falter ab 23.03.1992
Futterpflanze: *Ligustrum ovalifolium* (Liguster)

146 *Citheronia phoronea* Cramer, 1779
Fundort: Venezuela, Caracas, Valencia
Zuchtdaten:
L1 ab 12.04.1991
L2 ab 20.04.1991
L3 ab 26.04.1991
L4 ab 05.05.1991
L5 ab 16.05.1991
Verpuppung ab 10.06.1991
Falter ab 10.04.1992
Futterpflanze: *Ligustrum ovalifolium* (Liguster)

Procitheronia Michener, 1949

147 *Procitheronia fenestrata* W. Rothschild, 1907
Fundort: Venezuela

Othorene Boisduval, 1872

148 *Othorene purpurascens* Schaus, 1905
Fundort: West-Kolumbien, Alto Anchicaya, 800 m
Zuchtdaten:
L1 ab 05.10.1987
L2 ab 13.10.1987
L3 ab 21.10.1987
L4 ab 29.10.1987
L5 ab 08.11.1987
Verpuppung ab 21.11.1987
Falter ab 10.01.1988
Futterpflanze: *Malus hillieri* (Zierapfel)

Syssphinx Hübner, 1819

149 *Syssphinx molina* Cramer, 1780
Fundort: West-Kolumbien, Alto Anchicaya, 850 m
Zuchtdaten:
L1 ab 27.10.1987
L2 ab 04.11.1987
L3 ab 09.11.1987
L4 ab 16.11.1987
L5 ab 27.11.1987
Verpuppung ab 11.12.1987
Falter ab 30.01.1988
Futterpflanze: Bis L3: *Robinia pseudoacacia*, ab L4: *Pyracantha* (Feuerdorn)

150 *Syssphinx colla grisea* Lemaire, 1988
Fundort: Mexico, Yucatan, Quintana Roo
Zuchtdaten:
L1 ab 11.06.1986
L2 ab 17.06.1986
L3 ab 23.06.1986
L4 ab 26.06.1986
L5 ab 01.07.1986
Verpuppung ab 07.07.1986
Falter ab 08.08.1986
Futterpflanze: *Malus hillieri* (Zierapfel)

Anisota Hübner, 1820

151 *Anisota dissimilis* Boisduval, 1872
Fundort: Mexico, Oaxaca, San Gabriel, Mixtepec, 1150 m
Zuchtdaten:
L1 ab 05.06.2000
L2 ab 13.06.2000
L3 ab 21.06.2000
L4 ab 28.06.2000
L5 ab 05.07.2000
Verpuppung ab 12.07.2000
Falter ab 12.08.2000
Futterpflanze: *Malus hillieri* (Zierapfel) und *Quercus* (Eiche)

Adeloneivaia Travassos, 1940

152 *Adeloneivaia subangulata subangulata* Herrich-Schäffer, 1855
Fundort: Venezuela, Provinz Carabobo, Bejuma, 800 m
Zuchtdaten:
L1 ab 16.04.1999
L2 ab 22.04.1999
L3 ab 26.04.1999
L4 ab 30.04.1999
L5 ab 06.05.1999
Verpuppung ab 14.05.1999

Falter ab 15.06.1999
Futterpflanze: *Malus hillieri* (Zierapfel)

153 *Adeloneivaia jason jason* Boisduval, 1872
Fundort: West-Kolumbien, Alto Anchicaya, 800 m
Zuchtdaten:
L1 ab 17.05.1986, ca. 5 mm lang
L2 ab 23.05.1986
L3 ab 29.05.1986
L4 ab 03.06.1986
L5 ab 12.06.1986, 80 mm lang, 15 mm breit
Verpuppung ab 22.06.1986
Falter ab 08.08.1986
Futterpflanze: *Malus hillieri* (Zierapfel)

Neorcarngia Draudt, 1930

154 *Neorcarngia basirei* Schaus, 1892
Fundort: Paraguay, Dept. Guaira, Calle Florida, ca. 270 m
Zuchtdaten:
L1 ab 05.09.1994, ca. 7 mm lang
L2 ab 09.09.1994
L3 ab 14.09.1994
L4 ab 18.09.1994
L5 ab 23.09.1994, ca. 60-70 mm lang, 12-15 mm breit
Verpuppung ab 01.10.1994
Falter ab 13.11.1994
Futterpflanze: *Salix pentandra* (Lorbeerweide)

Hemileucinae – Neotropische Region

Lonomia Walker, 1855

155 *Lonomia venezuelensis* Lemaire, 1972
Fundort: Venezuela, Prov. Carabobo, Umgebung von Bejuma
Zuchtdaten:
L1 ab 03.05.2002
L2 ab 11.05.2002
L3 ab 18.05.2002
L4 ab 25.05.2002
L5 ab 02.06.2002
L6 ab 12.06.2002
Verpuppung ab 25.06.2002
Falter ab 02.08.2002
Futterpflanze: *Salix caprea* (Salweide)
Ab L2 Nachtfresser, tagsüber unruhiges Umherlaufen, Exuvien werden nicht gefressen.

156 *Lonomia achelous achelous* Cramer, 1777
Fundort: Ecuador, Dept. Pichincha, 800-1200 m
Zuchtdaten:
L1 ab 02.06.2001
L2 ab 09.06.2001
L3 ab 17.06.2001
L4 ab 25.06.2001
L5 ab 03.07.2001
L6 ab 12.07.2001
Verpuppung ab 24.07.2001
Falter ab 21.09.2001
Futterpflanze: *Malus hillieri* (Zierapfel)
Nachtfresser, bereits vormittags Wanderung an den Flaschenhals, Häutungen unterm Blatt in L2, danach am Stiel, die Exuvien werden nicht gefressen, die Raupen verpuppen sich ohne Gespinst an der Erde im Laub, relativ schnell in 3-4 Tagen. Längen der Raupen: L1; 4 mm, L2: 7-8 mm, L3: 10-12 mm, L4: 20-22 mm, L5: 35 mm, L6: 50-55 mm.

Automeris Hübner, 1819

157 *Automeris janus* Cramer, 1775
Fundort: Venezuela, Tachira, Las Cuevas, 500 m
Futterpflanze: *Salix viminalis* (Korbweide)

158 *Automeris exigua* Lemaire, 1977
Fundort: Kolumbien
Foto: K. Wolfe (Kalifornien), Stadium nicht ganz klar.

159 *Automeris metzli* Sallé, 1853
Fundort: Mexico, Chiapas, Comitan, 1850 m
Zuchtdaten:
L1 ab 27.10.1991
L2 ab 06.11.1991
L3 ab 14.11.1991
L4 ab 22.11.1991
L5 ab 28.11.1991
L6 ab 05.12.1991
Verpuppung ab 26.12.1991
Falter ab 23.07.1992
Futterpflanze: *Quercus turneri* (Immergrüne Eiche)

160 *Automeris metzli* Sallé, 1853
Fundort: Venezuela, Prov. Carabobo, Bejuma
Zuchtdaten:
L1 ab 03.07.1995
L2 ab 08.07.1995
L3 ab 14.07.1995
L4 ab 19.07.1995
L5 ab 25.07.1995
L6 ab 30.07.1995
L7 ab 06.08.1995
Verpuppung ab 14.08.1995
Falter ab 23.09.1995
Futterpflanze: *Quercus* (Eiche)

161 *Automeris egeus* Cramer, 1775
Fundort: Peru, Prov. Pasco, St. Rosa, Pozuzo, ca. 700 m
Zuchtdaten:
L1 ab 27.06.2002
L2 ab 03.07.2002
L3 ab 11.07.2002
L4 ab 19.07.2002
L5 ab 27.07.2002
L6 ab 04.08.2002
L7 ab 14.08.2002
Verpuppung ab 31.08.2002
Falter ab 19.12.2002
Futterpflanze: *Fagus silvatica* (Rotbuche)

162 *Automeris larra* Walker, 1855
Fundort: Französisch Guayana
Foto: K. Wolfe (Kalifornien)

163 *Automeris illustris* Walker, 1855
Fundort: Brasilien, Umgebung von Rio de Janeiro
Zuchtdaten:
L1 ab 25.01.1994
L2 ab 01.02.1994
L3 ab 09.02.1994
L4 ab 18.02.1994
L5 ab 26.02.1994
L6 ab 06.03.1994
L7 ab 16.03.1994
Verpuppung ab 27.03.1994
Falter ab 07.05.1994
Futterpflanze: *Ligustrum ovalifolium* (Liguster)
Bis L6 Nachtfresser.

164 *Automeris amoena rotunda* Lemaire, 1971
Fundort: Paraguay, Dept. Guaira, Melgarajo
Zuchtdaten:
L1 ab 05.04.1993
L2 ab 12.04.1993
L3 ab 18.04.1993
L4 ab 25.04.1993
L5 ab 02.05.1993
L6 ab 11.05.1993
Verpuppung ab 28.05.1993
Falter ab 01.07.1993
Futterpflanze: *Crataegus* (Weißdorn)
Strikte Nachtfresser

165 *Automeris randa* Druce, 1894
Fundort: Mexico, Chihuahua, Arryo Durazuo
Zuchtdaten:
L1 ab 09.06.1997
L2 ab 14.06.1997
L3 ab 19.06.1997
L4 ab 25.06.1997
L5 ab 01.07.1997
L6 ab 08.07.1997
L7 ab 15.07.1997
Verpuppung ab 21.07.1997
Falter ab 28.10.1997
Futterpflanze: *Malus hillieri* (Zierapfel)

166 *Automeris moresca* Schaus, 1906
Fundort: Ost-Venezuela, Bolivar
Zuchtdaten:
L1 ab 16.12.1988
L2 ab 28.12.1988
L3 ab 08.01.1989
L4 ab 16.01.1989
L5 ab 23.01.1989
L6 ab 30.01.1989
L7 ab 09.02.1989
Verpuppung ab 23.02.1989
Falter ab 04.04.1989
Futterpflanze: *Pyracantha* (Feuerdorn)

167 *Automeris zurobara zurobara* Druce, 1886
Fundort: Venezuela, Prov. Carabobo, Bejuma, 800 m
Zuchtdaten:
L1 ab 09.09.1992
L2 ab 16.09.1992
L3 ab 23.09.1992
L4 ab 29.09.1992
L5 ab 07.10.1992
L6 ab 14.10.1992
Verpuppung ab 29.10.1992
Falter ab 04.12.1992
Futterpflanze: *Salix caprea* (Salweide)
Strikte Nachtfresser

168 *Automeris zurobara gadouae* Lemaire, 1966
Fundort: Venezuela, Edo Barinas, Barinitas, 420 m
Zuchtdaten:
L1 ab 05.08.1999
L2 ab 10.08.1999
L3 ab 16.08.1999
L4 ab 24.08.1999
L5 ab 31.08.1999
L6 ab 08.09.1999
Verpuppung ab 27.09.1999
Falter ab 27.02.2000
Futterpflanze: *Robinia pseudoacacia* (Robinie)
Ab L5 Nachtfresser, tagsüber in Gruppen am Blatt sitzend.

169 *Automeris excreta* Draudt, 1929
Fundort: Mexico
Stadium nicht ganz klar

170 *Automeris tridens* Herrich-Schäffer, 1855
Fundort: Costa Rica, San José
Zuchtdaten:
L1 ab 19.06.2002
L2 ab 25.06.2002
L3 ab 10.07.2002
L4 ab 25.07.2002
L5 ab 03.08.2002
L6 ab 13.08.2002
Verpuppung ab 28.08.2002
Falter ab 28.09.2002
Futterpflanze: *Ligustrum ovalifolium* (Liguster) und *Salix viminalis* (Korbweide)

171 *Automeris hamata* Schaus, 1906
Fundort: West-Kolumbien, Alto Anchicaya, 800 m
Zuchtdaten:
L1 ab 19.07.1986
L2 ab 26.07.1986
L3 ab 02.08.1986
L4 ab 07.08.1986
L5 ab 13.08.1986
L6 ab 21.08.1986
Verpuppung ab 06.09.1986
Falter ab 25.10.1986
Futterpflanze: *Salix caprea* (Salweide)
Die Verpuppung erfolgte auffälligerweise an der Pflanze.

172 *Automeris duchartrei* Bouvier, 1936
Fundort: Ecuador, Rio Napo, Pano, 10 km neben Tena
Zuchtdaten:
L1 ab 26.04.2000
L2 ab 01.05.2000
L3 ab 08.05.2000
L4 ab 14.05.2000
L5 ab 22.05.2000
L6 ab 31.05.2000
L7 ab 09.06.2000
L8 ab 14.06.2000
Verpuppung ab 03.07.2000
Falter ab 14.10.2000
Futterpflanze: *Malus hillieri* (Zierapfel)
Ab L4 nur noch Nachtfresser, morgens Wanderung nach unten oder in Blatthöhlen.

173 *Automeris meridionalis* Bouvier, 1936
Fundort: Venezuela, Prov. Carabobo, Bejuma, ca. 850 m
Zuchtdaten:
L1 ab 25.07.1997
L2 ab 02.08.1997
L3 ab 17.08.1997
L4 ab 26.08.1997
L5 ab 04.09.1997
L6 ab 12.09.1997
L7 ab 22.09.1997
Verpuppung ab 02.10.1997
Falter ab 26.10.1997
Futterpflanze: L1+L2: *Ligustrum ovalifolium* (Liguster), ab L3: teils *Salix caprea* (Salweide) oder *Robinia pseudoacacia* (Robinie.
Strikte Nachtfresser

174 *Automeris banus banus* Boisduval, 1875
Fundort: Costa Rica, Agua Buena, Coto Brus, 1800 m
Zuchtdaten:
L1 ab 03.08.2000
L2 ab 10.08.2000
L3 ab 15.08.2000
L4 ab 20.08.2000
L5 ab 27.08.2000
L6 ab 03.09.2000
Verpuppung ab 15.09.2000
Falter ab 15.01.2001
Futterpflanze: *Robinia pseudoacacia* (Robinie)

175 *Automeris banus argentifera* Lemaire, 1966
Fundort: West-Kolumbien, Alto Anchicaya, 850 m
Zuchtdaten:
L1 ab 06.11.1987
L2 ab 17.11.1987
L3 ab 27.11.1987
L4 ab 05.12.1987
L5 ab 12.12.1987
L6 ab 18.12.1987
Verpuppung ab 24.12.1987
Falter ab 11.02.1988
Futterpflanze: *Ligustrum ovalifolium* (Liguster)

176 *Automeris belti belti* Druce, 1886
Fundort: Costa Rica, Coto Brus, Agua Buena, 1800 m
Zuchtdaten:
L1 ab 22.08.2000
L2 ab 02.09.2000
L3 ab 11.09.2000
L4 ab 16.09.2000
L5 ab 22.09.2000
L6 ab 30.09.2000
Verpuppung ab 14.10.2000
Falter ab 22.11.2000
Futterpflanze: *Robinia pseudoacacia* (Robinie)

177 *Automeris incarnata* Walker, 1865
Fundort: Venezuela, Prov. Carabobo, Bejuma, 800 m
Zuchtdaten:
L1 ab 23.04.1992
L2 ab 29.04.1992
L3 ab 06.05.1992
L4 ab 11.05.1992
L5 ab 17.05.1992
L6 ab 23.05.1992
Verpuppung ab 29.05.1992
Falter ab 26.06.1992
Futterpflanze: *Malus hillieri* (Zierapfel)

178 *Automeris basalis* Walker, 1855
Fundort: Paraguay, Dept. Guaira, Calle Florida
Zuchtdaten:
L1 ab 12.09.1994
L2 ab 25.09.1994
L3 ab 03.10.1994
L4 ab 11.10.1994
L5 ab 19.10.1994
L6 ab 28.10.1994
L7 ab 06.11.1994 (teilweise)
Verpuppung: L6-Raupen ab 08.11.1994
Falter ab 04.01.1995
Futterpflanze: *Robinia pseudoacacia* (Robinie)

179 *Automeris maeonia* Druce, 1897
Fundort: Mexico, Prov. Nayarit, 1500 m
Zuchtdaten:
L1 ab 15.07.1998
L2 ab 04.08.1998
L3 ab 12.08.1998
L4 ab 19.08.1998
L5 ab 27.08.1998
L6 ab 07.09.1998
Verpuppung ab 20.09.1998
Falter ab 29.06.1999
Futterpflanze: *Robinia pseudoacacia* (Robinie)

180 *Automeris boucardi* Druce, 1886
Fundort: Cosat Rica, Coto Brus, San Vito, 1800 m
Zuchtdaten:
L1 ab 18.08.1998
L2 ab 27.08.1998
L3 ab 04.09.1998
L4 ab 11.09.1998
L5 ab 18.09.1998
L6 ab 24.09.1998
Verpuppung ab 05.10.1998
Falter ab 24.11.1998
Futterpflanze: *Robinia pseudoacacia* (Robinie)

181 *Automeris zozine* Druce, 1886
Fundort: Mexico, Oaxaca, 1000 m
Zuchtdaten:
L1 ab 08.06.1986
L2 ab 16.06.1986
L3 ab 21.06.1986
L4 ab 28.06.1986
L5 ab 05.07.1986
L6 ab 16.07.1986
Verpuppung ab 26.07.1986
Falter ab 10.09.1986
Futterpflanze: *Malus hillieri* (Zierapfel)

182 *Automeris zugana* Druce, 1886
Fundort: West-Kolumbien, Alto Anchicaya, 800 m
Zuchtdaten:
L1 ab 05.06.1986
L2 ab 10.06.1986
L3 ab 17.06.1986
L4 ab 26.06.1986
L5 ab 06.07.1986
L6 ab 14.07.1986
Verpuppung ab 24.07.1986
Falter ab 20.08.1986
Futterpflanze: *Quercus* (Eiche)

183 *Automeris zugana* Druce, 1886
Fundort: Costa Rica, Central Valley
Zuchtdaten:
L1 ab 26.06.2002
L2 ab 03.07.2002
L3 ab 10.07.2002
L4 ab 16.07.2002
L5 ab 22.07.2002
L6 ab 30.07.2002
Verpuppung ab 06.08.2002
Falter ab 25.12.2002
Futterpflanze: *Robinia pseudoacacia* (Robinie)

184 *Automeris annulata atrolimbata* Lemaire, 1973
Fundort: Peru, Pasco, Oxapampa, La Suiza, 1810 m
Zuchtdaten:
L1 ab –
L2 ab ca. 21.08.2001
L3 ab 29.08.2001
L4 ab 05.09.2001
L5 ab 15.09.2001
L6 ab 27.09.2001
Verpuppung ab 03.10.2001
Falter ab 14.01.2002
Futterpflanze: *Fagus silvatica* (Rotbuche) und *Quercus* (Eiche)

185 *Automeris styx* Lemaire, 1982
Fundort: Peru, Prov. Pasco, Oxapampa, 2500 m
Zuchtdaten:
L1 ab 18.03.2005
L2 ab 26.03.2005
L3 ab 02.04.2005
L4 ab 08.04.2005
L5 ab 14.04.2005
L6 ab 21.04.2005
Verpuppung ab 27.04.2005
Falter ab 10.06.2005
Futterpflanze: *Ligustrum ovalifolium* (Liguster)
Eine etwas kleinere Raupe verpuppte sich bereits im 5. Stadium am 21.04.2005

186 *Automeris maranja maranja* Schaus, 1898
Fundort: Paraguay, Dept. Paraguari, Sapucay
Zuchtdaten:
L1 ab 06.09.1994
L2 ab 13.09.1994
L3 ab 20.09.1994
L4 ab 27.09.1994
L5 ab 03.10.1994
L6 ab 10.10.1994
Verpuppung ab 16.10.1994
Falter ab 23.11.1994
Futterpflanze: *Ligustrum ovalifolium* (Liguster)

187 *Automeris umbrosa lampei* Lemaire, 2002
Fundort: Paraguay, Dept. Paraguari, Sapucay
Zuchtdaten:
L1 ab 05.09.1994
L2 ab 15.09.1994
L3 ab 24.09.1994
L4 ab 01.10.1994
L5 ab 08.10.1994
L6 ab 15.10.1994
Verpuppung ab 21.10.1994
Falter ab 29.11.1994
Futterpflanze: *Ligustrum ovalifolium* (Liguster)

188 *Automeris iris* Walker, 1865
Fundort: Mexico, Sonora, West-Tepoca, 1075 m
Zuchtdaten:
L1 ab 04.09.1987
L2 ab 10.09.1987
L3 ab 16.09.1987
L4 ab 21.09.1987
L5 ab 28.09.1987
L6 ab 05.10.1987
Verpuppung ab 10.10.1987
Falter ab 25.07.1988
Futterpflanze: *Robinia pseudoacacia* (Robinie)

189 *Automeris celata* Lemaire, 1969
Fundort: Costa Rica, Coto Brus, Agua Buena, 1800 m
Zuchtdaten:
L1 ab 11.08.2001
L2 ab 17.08.2001
L3 ab 23.08.2001
L4 ab 31.08.2001
L5 ab 08.09.2001
L6 ab 29.09.2001
L7 ab 12.10.2001
Verpuppung ab 07.11.2001
Falter ab 12.12.2001
Futterpflanze: *Salix caprea* (Salweide), ab L6: *Robinia pseudoacacia* (Robinie)
Nachtfresser

190 *Automeris submacula* Walker, 1855
Fundort: Paraguay
Zuchtdaten:
L1 ab 23.05.1994
L2 ab 03.06.1994
L3 ab 14.06.1994
L4 ab 29.06.1994
L5 ab 12.07.1994
Keine weiteren Aufzeichnungen
Futterpflanze: *Robinia pseudoacacia* (Robinie)
Die Raupen verstarben im 5. Stadium.

Leucanella Lemaire, 1969

191 *Leucanella lynx* Bouvier, 1930
Fundort: Peru, Estado Pasco, Umgebung von Oxapampa, 3800 m
Zuchtdaten:
L1 ab 08.06.2002
L2 ab 16.06.2002
L3 ab 23.06.2002
L4 ab 02.07.2002
L5 ab 11.07.2002
L6 ab 21.07.2002
Verpuppung ab 04.08.2002
Falter ab 11.03.2003
Futterpflanze: *Malus hillieri* (Zierapfel)

192 *Leucanella leucane* Geyer, 1837
Fundort: Mexico, Mexico City
Zuchtdaten:
L1 ab 28.07.1988
L2 ab 06.08.1988
L3 ab 17.08.1988
L4 ab 30.08.1988
L5 ab 11.09.1988
L6 ab 22.09.1988
Verpuppung ab 04.10.1988
Falter ab 27.06.1989
Futterpflanze: *Ligustrum ovalifolium* (Liguster)

193 *Leucanella memusae gardineri* Lemaire, 1973
Fundort: Paraguay, Dep. Guaira, Cerro Acati, 750 m
Zuchtdaten:
L1 ab 18.09.1993
L2 ab 26.09.1993
L3 ab 05.10.1993
L4 ab 13.10.1993
L5 ab 20.10.1993
L6 ab 29.10.1993
Verpuppung ab 06.11.1993
Falter ab 17.12.1993
Futterpflanze: *Ligustrum ovalifolium* (Liguster)
Nach längerer Wanderung Verpuppung teils an den Zweigen oder in einem Kästchen mit Altlaub.

194 *Leucanella aspera aspera* R. Felder & Rogenhofer, 1874
Fundort: Argentinien, Straße von Santa Clara nach La Estrella, 910 m
Zuchtdaten:
L1 ab 18.06.2002
L2 ab 24.06.2002
L3 ab 02.07.2002
L4 ab 11.07.2002
L5 ab 18.07.2002
L6 ab 26.07.2002
Verpuppung ab 04.08.2002
Falter ab 06.09.2002
Futterpflanze: *Malus hillieri* (Zierapfel)

Pseudautomeris Lemaire, 1967

195 *Pseudautomeris salmonea* Cramer, 1777
Fundort: Venezuela, Prov. Carabobo, Bejuma, 800 m
Zuchtdaten:
L6 ab 21.10.1992
Verpuppung ab 29.10.1992
Falter ab 14.4.1993
Futterpflanze: *Salix viminalis* (Korbweide)

196 *Pseudautomeris grammivora* Jones, 1908
Fundort: Argentinien, Umgebung von Buenos Aires
Zuchtdaten:
L1 ab 07.08.1992
L2 ab 13.08.1992
L3 ab 19.08.1992
L4 ab 25.08.1992
L5 ab 31.08.1992
L6 ab 05.09.1992
Verpuppung ab 15.09.1992
Falter ab 04.04.1993
Futterpflanze: *Robinia pseudoacacia* (Robinie)

197 *Pseudautomeris luteata* Walker, 1865
Fundort: Paraguay, Dept. Guaira, Itati
Zuchtdaten:
L1 ab 14.11.1993
L2 ab 26.11.1993
L3 ab 04.12.1993
L4 ab 11.12.1993
L5 ab 18.12.1993
L6 ab 26.12.1993
L7 ab 02.01.1994 (nur 2 Raupen)
Verpuppung ab 03.01.1994 (L6-Raupen)
Falter ab 15.02.1994
Futterpflanze: *Ligustrum ovalifolium* (Liguster)

Gamelia Hübner, 1819

198 *Gamelia abasia* Stoll, 1781
Fundort: Ecuador, Rio Napo, Umgebung von Pompeya, 260 m
Zuchtdaten:
L1 ab 20.08.1997
L2 ab 26.08.1997
L3 ab 31.08.1997
L4 ab 05.09.1997
L5 ab 11.09.1997
L6 ab 17.09.1997
L7 ab 23.09.1997
Verpuppung ab 28.09.1997
Falter ab 21.10.1997
Futterpflanze: *Robinia pseudoacacia* (Robinie)

199 *Gamelia lichyi* Lemaire, 1973
Fundort: Venezuela, Prov. Carabobo, Bejuma, 800 m
Zuchtdaten:
L1 ab 06.10.1992
L2 ab 15.10.1992
L3 ab 28.10.1992
L4 ab 04.11.1992
L5 ab 12.11.1992
Verpuppung ab 20.11.1992
Falter ab 16.12.1992
Futterpflanze: *Salix viminalis* (Korbweide)

200 *Gamelia septentrionalis* Bouvier, 1936
Fundort: Costa Rica, Coto Brus, Agua Buena, 1800 m
Zuchtdaten:
L1 ab 02.07.2001
L2 ab 07.07.2001
L3 ab 12.07.2001
L4 ab 18.07.2001
L5 ab 24.07.2001
L6 ab 29.07.2001
L7 ab 03.08.2001
L8 ab 10.08.2001
Verpuppung ab 24.08.2001
Falter ab 15.09.2001
Futterpflanze: *Fagus silvatica* (Rotbuche)
Verpuppung zwischen Blättern am Zweig aber auch am Boden, im Laub etc.

Hyperchiria Hübner, 1819

201 *Hyperchiria orodina* Schaus, 1900
Fundort: Paraguay, Dept. Paraguari, Sapucay
Zuchtdaten:
L1 ab 15.09.1993
L2 ab 19.09.1993
L3 ab 24.09.1993
L4 ab 29.09.1993
L5 ab 04.10.1993
L6 ab 09.10.1993
Verpuppung ab 19.10.1993 (einige männliche Raupen gingen bereits in L5 zur Verpuppung)
Falter ab 23.06.1994
Futterpflanze: *Malus hillieri* (Zierapfel) und *Salix viminalis* (Korbweide)

Hylesia Hübner, 1820

202 *Hylesia nigricans* Berg, 1875
Fundort: Argentinien, Buenos Aires
Zuchtdaten:
L1 ab 12.08.1985, ca. 2,5 mm lang
L2 ab 22.08.1985
L3 ab 30.08.1985
L4 ab 07.09.1985
L5 ab 15.09.1985
L6 ab 23.09.1985
L7 ab 05.10.1985ca. 35-45 mm lang, 5-7 mm breit
Verpuppung ab 16.10.1985
Falter ab 16.11.1985
Futterpflanze: *Malus hillieri* (Zierapfel), ab L7: *Carpinus betulus* (Hainbuche)

Molippa Walker, 1855

203 *Molippa nibasa* Maassen & Weyding, 1885
Fundort: Mexico, Oaxaca
Zuchtdaten:
L1 ab 30.06.1999
L2 ab 07.07.1999
L3 ab 13.07.1999
L4 ab 18.07.1999
L5 ab 23.07.1999
L6 ab 28.07.1999
Verpuppung ab 31.07.1999
Falter ab 16.09.1999
Futterpflanze: *Salix caprea* (Salweide)
Teils 5 oder 6 Stadien, Kokon an der Erde im Altlaub etc.

204 *Molippa simillina* Jones, 1907
Fundort: Peru, Junin, Calabaza, bei Sahpo, 2000 m
Zuchtdaten:
Ei: oval, fast rund, sehr klein, ca. 1,5 × 1 × 1 mm, hellelfenbeinfarben, jedoch größtenteils mit dunkelbraunem Haftsekret überzogen.
L1 ab 18.04.2000, ca. 3 mm lang, die Farbe der beborsteten Räupchens variiert von graubraun über grünbraun bis blassbraun, das Köpfchen glänzend schwarz.
L2 ab 23.04.2000, ca, 7 mm lang, Grundfarbe schwarz mit currygelben Segmentquerbändern und ca. 1,5 mm langen gleichfarbenen Börstchen, ansonsten wie in L_1.
L3 ab 27.04.2000, ca. 15 mm lang, dem Vorstadium sehr ähnlich, die beborsteten Tuberkeln länger, besonders jene über den Kopf ragenden des 2. Segmentes.
L4 ab 01.05.2000, ca. 20 mm lang, erneut dem Vorstadium sehr ähnlich, jedoch die kräftig beborsteten Tuberkeln hellgrün.
L5 ab 05.05.2000, ca. 30-35 mm lang, gegenüber dem Vorstadium praktisch unverändert, auffällig die glänzend schwarzen Füßchen, der Kopf, sowie das laterale Längsband.
L6 ab 11.05.2000, ca. 40-45 mm lang. Auch im letzten Stadium sind die Raupen markant schwarz, mit gelbgrünen Längs- und Querbändern, die beborsteten Tuberkeln ebenfalls gelbgrün und ventral ein breites gelbgrünes Längsband. Der Kopf, die Füße und das Analsegment glänzend schwarz, die kleinen ovalen Stigmen beigerot. Vo der verpuppung sind die Raupen je nach Geschlecht 50-70 mm lang und gingen nach honiggelber Verfärbung der dorsalen Tuberkeln und Entleerung ab 17.05.2000 an den Boden.
Verpuppung ab 17.05.2000
Kokon: an der Erde im Totlaub, kleine Ästchen u.ä. eingesponnen, einfach, dünnwandig, aber fest, rund, außen rau, uneben, kupfer- bis rotbraun, innen ebenfalls uneben, jedoch glatt und glänzend, ockerbraun, am Kopf der Puppe auffällig offen, sehr eng, sodass die Puppe wie eingeklemmt wirkt. Länge je nach Geschlecht ca. 28-33 mm, Breite 15-18 mm.
Puppe: gedrungen, am sehr kleinen Kremasterstachel (knapp 1 mm) mit Börstchen im Kokon leicht verankert, graubraun, Kremaster rund, die Stigmen kaum sichtbar, schmal oval, je nach Segment nur ca. 0,5-1,0 mm lang. Maße der Puppe: je nach Geschlecht ca. 23-28 mm lang und ca. 11-13 mm breit und hoch. Die Exuvie wird nach hinten zusammengedrückt.
Der erste Falter, ein Weibchen, erschien am 09.07.2000 gegen 11 Uhr.
Futterpflanze: *Malus hillieri* (Zierapfel)
Temperatur und Standort: offene Zimmerzucht bei ca. 23 °C.
Auffälligkeiten: sehr gesellige Raupe, bis ins letzte Stadium in Trauben sehr gefräßig, daher auch der relativ schnelle Durchlauf bis zur Verpuppung.

205 *Molippa basina* Maassen & Weyding, 1885
Fundort: Venezuela, Prov. Carabobo, Bejuma, 800 m
Zuchtdaten:
L1 ab 24.08.1993
L2 ab 29.08.1993
L3 ab 03.09.1993
L4 ab 09.09.1993
L5 ab 14.09.1993
L6 ab 19.09.1993
Verpuppung ab 24.09.1993
Falter ab 08.11.1993
Futterpflanze: *Salix viminalis* (Korbweide)

206 *Molippa latemedia* Druce, 1890
Fundort: Peru, Prov. Pasco, Sta. Anna, Pozuzo, ca. 400 m
Zuchtdaten:
L1 ab 23.06.2002
L2 ab 29.06.2002
L3 ab 04.07.2002
L4 ab 09.07.2002
L5 ab 14.07.2002
L6 ab 20.07.2002
Verpuppung ab 28.07.2002
Falter ab 12.09.2002
Futterpflanze: *Robinia pseudoacacia* (Robinie)

207 *Molippa superba superba* Burmeister, 1878
Fundort: Argentinien, Prov. Salta, Straße von San Lorenzo nach Los Yacones, 1560 m
Zuchtdaten:
L1 ab 29.02.2004
L2 ab 07.03.2004
L3 ab 15.03.2004
L4 ab 23.03.2004
L5 ab 30.03.2004
L6 ab 07.04.2004
L7 ab 18.04.2004
Verpuppung ab 30.04.2004
Falter ab 02.03.2005
Futterpflanze: *Rubus fruticosus* (Brombeere)

Paradirphia Michener, 1949

208 *Paradirphia semirosea* Walker, 1855
Fundort: Mexico, Oaxaca, 1900 m
Zuchtdaten:
L1 ab 08.07.1999
L2 ab 14.07.1999
L3 ab 20.07.1999
L4 ab 26.07.1999
L5 ab 02.08.1999
L6 ab 08.08.1999
Verpuppung ab 19.08.1999
Falter ab 16.08.2000
Futterpflanze: *Salix caprea* (Salweide)
Im letzten Stadium hauptsächlich Nachtfresser, Verpuppung an der Erde ohne jedes Gespinst.

209 *Paradirphia boudinoti* Lemaire & Wolfe, 1990
Fundort: Mexico, Coahuila, Saltillo
Zuchtdaten:
L1 ab 18.06.1985, ca. 3 mm lang
L2 ab 30.06.1985
L3 ab 07.07.1985
L4 ab 14.07.1985
L5 ab 21.07.1985
L6 ab 29.07.1985, ca. 60-75 mm lang, ca. 10 mm breit
Verpuppung ab 09.08.1985
Falter ab 18.05.1986
Futterpflanze: *Malus hillieri* (Zierapfel)

210 *Paradirphia lasiocampina* R. Felder & Rogenhofer, 1874
Fundort: Mexico, Veracruz, Las Minas, 1400 m

Zuchtdaten:
L1 ab 07.07.1999
L2 ab 12.07.1999
L3 ab 18.07.1999
L4 ab 26.07.1999
L5 ab 02.08.1999
L6 ab 10.08.1999
Verpuppung ab 25.08.1999
Falter ab 16.04.2000
Futterpflanze: *Salix caprea* (Salweide)
Im letzten Stadium hauptsächlich Nachtfresser; Verpuppung an der Erde ohne jedes Gespinst.

Dirphia Hübner, 1819

211 *Dirphia tarquinia* Cramer, 1775
Fundort: Französisch Guyana, Straße Roura–Kaw, 300 m
Zuchtdaten:
L1 ab 09.07.1994
L2 ab 16.07.1994
L3 ab 22.07.1994
L4 ab 27.07.1994
L5 ab 02.08.1994
L6 ab 08.08.1994
Verpuppung ab 16.08.1994
Falter ab 25.10.1994
Futterpflanze: *Salix caprea* (Salweide)

212 *Dirphia lichyi* Lemaire, 1971
Fundort: Venezuela, Barinas
Zuchtdaten:
L1 ab 30.08.1998
L2 ab 10.09.1998
L3 ab 16.09.1998
L4 ab 23.09.1998
L5 ab 30.09.1998
L6 ab 07.10.1998
Verpuppung ab 16.10.1998
Falter ab 09.08.1999
Futterpflanze: *Salix caprea* (Salweide)

213 *Dirphia avia* Stoll, 1780
Fundort: Ecuador, Oriente, Santiago, Rte. Gualaguiza–Limon, 1610 m
Zuchtdaten:
L1 ab 14.08.1983
L2 ab 22.08.1983
L3 ab 28.08.1983
L4 ab 03.09.1983
L5 ab 09.09.1983
L6 ab 17.09.1983
Verpuppung ab 29.09.1983
Falter ab 30.11.1983
Futterpflanze: *Salix caprea* (Salweide)

214 *Dirphia somniculosa somniculosa* Cramer, 1777
Fundort: West-Kolumbien, Alto Anchicaya
Falter ab 09.1986
Futterpflanze: *Salix caprea* (Salweide)

Periphoba Hübner, 1820

215 *Periphoba arcaei* Druce, 1886
Fundort: Costa Rica, San Vieto, Coto Brus, Agua Buena
Zuchtdaten:
L1 ab 14.08.2000
L2 ab 20.08.2000
L3 ab 26.08.2000
L4 ab 03.09.2000
L5 ab 13.09.2000
L6 ab 21.09.2000
Verpuppung ab 01.10.2000
Falter ab 30.11.2000
Futterpflanze: *Salix viminalis* (Korbweide)

216 *Periphoba tarapoto* Lemaire, 2002
Fundort: Peru, Estado Pasco, Umgebung Oxapampa, »La Suiza«, 2180 m
Zuchtdaten:
L1 ab 19.06.2003
L2 ab 27.06.2003
L3 ab 08.07.2003
L4 ab 16.07.2003
L5 ab 23.07.2003
L6 ab 31.07.2003
Verpuppung ab 13.08.2003
Falter ab 20.02.2004
Futterpflanze: *Fagus silvatica* (Rotbuche)

Dirphiopsis Bouvier, 1928

217 *Dirphiopsis pulchricornis* Walker, 1855
Fundort: Venezuela, Prov. Carabobo, Umgebung von Bejuma
Zuchtdaten:
L1 ab 12.08.2004
L2 ab 19.08.2004
L3 ab 26.08.2004
L4 ab 03.09.2004
L5 ab 12.09.2004
L6 ab 20.09.2004
Verpuppung ab 23.09. und 06.10.2004
Falter ab 03.12.2004
Futterpflanze: *Fagus silvatica* (Rotbuche)
Da die kleineren Raupen bereits am 23.09. schon nach 5 Stadien zur Verpuppung in das Totlaub gingen, gehe ich davon aus, dass dies männliche Raupen waren, während sich die größeren weiblichen Raupen erst ab dem 06.10. nach 6 Stadien einspinnten bzw. verpuppten.

Pseudodirphia Bouvier, 1928

218 *Pseudodirphia eumedidoides* Vuillot, 1892
Fundort: Paraguay, Dept. Concepcion, San Carlos, Rio Apa
Verpuppung ab 09.01.2000
Falter ab 15.05.2000
Futterpflanze: *Quercus turneri* (Immergrüne Eiche)
Sehr lange, schwierige Zucht, ca. 02.11.1999 bis 09.01.2000; die einzelnen Stadien sind sehr schwer voneinander zu trennen.

Saturniinae – Neotropische Region

Copaxa Walker, 1855

219 *Copaxa decrescens* Walker, 1855
Fundort: Venezuela, Valencia bei Caracas
Zuchtdaten:
L1 ab 13.05.1991
L2 ab 20.05.1991
L3 ab 26.05.1991
L4 ab 31.05.1991
L5 ab 06.06.1991
Verpuppung ab 13.06.1991
Falter ab 08.08.1991
Futterpflanze: *Malus hillieri* (Zierapfel)

220 *Copaxa multifenestrata* Herrich-Schäffer, 1858
Fundort: Mexico, Yucatan, X-can, Quintana Roo
Zuchtdaten:
L1 ab 16.06.1986, ca. 5 mm lang
L2 ab 22.06.1986
L3 ab 26.06.1986
L4 ab 01.07.1986
L5 ab 07.07.1986, ca. 60-70 mm lang, ca. 10-15 mm breit
Verpuppung ab 15.07.1986
Falter ab 20.08.1986
Futterpflanze: *Salix caprea* (Salweide)

221 *Copaxa multifenestrata* Herrich-Schäffer, 1858
Fundort: Costa Rica, San Jose
Falter ab 14.08.1988
Futterpflanze: *Salix viminalis* (Korbweide)

222 *Copaxa escalantei* Lemaire, 1971
Fundort: Guatemala, Prov. Zucapa, La Union
Zuchtdaten:
L1 ab 28.03.1997
L2 ab 04.04.1997
L3 ab 10.04.1997
L4 ab 15.04.1997
L5 ab 19.04.1997
Verpuppung ab 24.04.1997
Falter ab 23.06.1997
Futterpflanze: *Malus hillieri* (Zierapfel)

223 *Copaxa expandens* Walker, 1855
Fundort: Venezuela, Valencia bei Caracas
Zuchtdaten:
L1 ab 24.04.1991
L2 ab 02.05.1991
L3 ab 07.05.1991
L4 ab 13.05.1991
L5 ab 19.05.1991
Verpuppung ab 28.05.1991
Falter ab 06.08.1991
Futterpflanze: *Malus hillieri* (Zierapfel)

224 *Copaxa flavina flavina* Draudt, 1929
Fundort: Paraguay, Dep. Guaira, Cerro Acati, 750 m
Zuchtdaten:
L1 ab 10.09.1993
L2 ab 18.09.1993
L3 ab 23.09.1993
L4 ab 27.09.1993
L5 ab 03.10.1993
Verpuppung ab 10.10.1993
Falter ab 01.12.1993
Futterpflanze: *Salix caprea* (Salweide)

Actias Leach, 1815

225 *Actias luna azteca* Packard, 1869
Fundort: Nicaragua, Prov. Matagalpa
Zuchtdaten:
L1 ab 25.05.1992
L2 ab 29.05.1992
L3 ab 02.06.1992
L4 ab 05.06.1992
L5 ab 10.06.1992
Verpuppung ab 15.06.1992
Falter ab 06.07.1992
Futterpflanze: *Liquidambar* (Amberbaum)

226 *Actias luna truncatipennis* Sonthonnax, 1899
Fundort: Mexico, San Luis Potosi, Xilitla
Zuchtdaten:
L1 ab 22.09.1990
L2 ab 29.09.1990
L3 ab 03.10.1990
L4 ab 08.10.1990

L5 ab 13.10.1990
Verpuppung ab 20.10.1990
Falter ab 04.12.1990
Futterpflanze: *Liquidambar* (Amberbaum)

Rothschildia Grote, 1897

227 *Rothschildia jacobaeae* Walker, 1855
Fundort: Nord-Argentinien
Futterpflanze: *Ligustrum ovalifolium* (Liguster)

228 *Rothschildia erycina erycina* Shaw, 1796
Fundort: Venezuela, Prov. Carabobo, Umgebung von Bejuma, 800 m
Zuchtdaten:
L1 ab 15.09.1986
L2 ab 20.09.1986
L3 ab 26.09.1986
L4 ab 03.10.1986
L5 ab 10.10.1986
Verpuppung ab 20.10.1986
Falter ab 21.01.1987
Futterpflanze: *Ligustrum ovalifolium* (Liguster)

229 *Rothschildia erycina erycina* Shaw, 1796
Fundort: Kolumbien, Prov. Santander, Umgebung von Otro Mundo
Zuchtdaten:
L1 ab 08.04.2003
L2 ab 12.04.2003
L3 ab 15.04.2003
L4 ab 18.04.2003
L5 ab 22.04.2003
Verpuppung ab 02.05.2003
Falter ab 18.07.2003
Futterpflanze: *Malus hillieri* (Zierapfel) und *Ligustrum ovalifolium* (Liguster)

230 *Rothschildia lebeau yucatana* Lemarie, 1971
Fundort: Mexico, Yucatan, Quintana Roo
Zuchtdaten:
L1 ab 16.06.1986
L2 ab 22.06.1986
L3 ab 29.06.1986
L4 ab 05.07.1986
L5 ab 14.07.1986
Verpuppung ab 30.07.1986
Falter ab 20.08.1986
Futterpflanze: *Ligustrum ovalifolium* (Liguster)

231 *Rothschildia lebeau lebeau* Guérin-Méneville, 1868
Fundort: Venezuela, Prov. Carabobo, Bejuma, 800 m
Zuchtdaten:
L4 ab 25.08.1993
L5 ab 01.09.1993
Verpuppung ab 08.09.1993
Falter ab 16.12.1993
Futterpflanze: *Ligustrum ovalifolium* (Liguster)

232 *Rothschildia lebeau inca* W. Rothschild, 1907
Fundort: West-Kolumbien, Alto Anchicaya, 850 m
Zuchtdaten:
L1 ab 05.10.1987
L2 ab 12.10.1987
L3 ab 18.10.1987
L4 ab 24.10.1987
L5 ab 01.11.1987
Verpuppung ab 10.11.1987
Falter ab 18.01.1988
Futterpflanze: *Ligustrum ovalifolium* (Liguster)

233 *Rothschildia cincta cincta* Tepper, 1883
Fundort: Mexico, Sonora, Alamos
Zuchtdaten:
L1 ab 10.07.1992
L2 ab 17.07.1992
L3 ab 23.07.1992
L4 ab 30.07.1992
L5 ab 06.08.1992
L6 ab 16.08.1992
Verpuppung ab 27.08.1992
Falter ab 09.10.1992
Futterpflanze: *Ligustrum ovalifolium* (Liguster)

234 *Rothschildia cincta guerreronis* Draudt, 1929
Fundort: Mexico, Jalisco, Chapala
Zuchtdaten:
L1 ab 02.08.1988
L2 ab 19.08.1988
L3 ab 30.08.1988
L4 ab 07.09.1988
L5 ab 15.09.1988
L6 ab 26.09.1988
Verpuppung ab 09.10.1988
Falter ab 05.08.1989
Futterpflanze: *Ligustrum ovalifolium* (Liguster)

235 *Rothschildia hesperus hesperus* Linnaeus, 1758
Fundort: Venezuela, Prov. Carabobo, Umgebung von Bejuma
Zuchtdaten:
L1 ab 05.09.1987
L2 ab 18.09.1987
L3 ab 30.09.1987
L4 ab 14.10.1987
L5 ab 30.10.1987
L6 ab 15.11.1987
Verpuppung ab 12.12.1987
Falter ab 28.02.1988
Futterpflanze: *Ligustrum ovalifolium* (Liguster)

236 *Rothschildia schreiteriana* Breyer & Orfila, 1945
Fundort: Argentinien, Prov. Salta
Zuchtdaten:
L1 ab 03.10.1995
L2 ab 09.10.1995
L3 ab 15.10.1995
L4 ab 20.10.1995
L5 ab 27.10.1995
Verpuppung ab 06.11.1995
Falter ab 30.06.1996
Futterpflanze: *Ligustrum ovalifolium* (Liguster)

237 *Rothschildia arethusa arethusa* Walker, 1855
Fundort: Nord-Argentinien
Zuchtdaten:
L1 ab 23.09.1984
L2 ab 27.09.1984
L3 ab 02.10.1984
L4 ab 07.10.1984
L5 ab 13.10.1984
Verpuppung ab 22.10.1984
Falter ab 05.07.1985
Futterpflanze: *Ligustrum* (Liguster)

238 *Rothschildia orizaba orizaba* Westwood, 1854
Fundort: Mexico, Umgebung von Mexico City
Zuchtdaten:
L1 ab 26.06.1979
Verpuppung ab 28.07.1979
Falter ab 01.09.1979
Futterpflanze: *Ligustrum* (Liguster)

239 *Rothschildia orizaba equatorialis* W. Rothschild, 1907
Fundort: West-Kolumbien, Alto Anchicaya, 800 m
Zuchtdaten:
L1 ab 18.01.1986, ca. 4-5 mm lang
L2 ab 26.01.1986
L3 ab 01.02.1986
L4 ab 07.02.1986
L5 ab 13.02.1986, ca. 90 mm lang, 20-22 mm breit
Verpuppung ab 23.02.1986
Falter ab 02.05.1986
Futterpflanze: *Ligustrum ovalifolium* (Liguster)

240 *Rothschildia orizaba meridana* W. Rothschild, 1907
Fundort: Venezuela, Merida
Zuchtdaten:
L1 ab 01.08.1996
L2 ab 08.08.1996
L3 ab 14.08.1996
L4 ab 20.08.1996
L5 ab 29.08.1996
Verpuppung ab 07.09.1996
Falter ab 29.06.1997
Futterpflanze: *Ligustrum ovalifolium* (Liguster)

241 *Rothschildia triloba* W. Rothschild, 1907
Fundort: Costa Rica, Ciudad Colón
Zuchtdaten:
L1 ab 30.08.2000
L2 ab 07.09.2000
L3 ab 13.09.2000
L4 ab 19.09.2000
L5 ab 25.09.2000
Verpuppung ab 04.10.2000
Falter ab 19.12.2000
Futterpflanze: *Ligustrum ovalifolium* (Liguster)
Die Raupen verlassen grundsätzlich nach der Entleerung die Futterpflanzen (Zweige in der Flasche) und erst nach ca. 10-15 Stunden Wanderung am Boden begannen sie nach »Wiederhinaufgehen« mit dem Einspinnen.

242 *Rothschildia aurota aurota* Cramer, 1775
Fundort: Venezuela, Prov. Carabobo, Bejuma, 800 m
Zuchtdaten:
L1 ab 23.03.1997
L2 ab 31.03.1997
L3 ab 05.04.1997
L4 ab 12.04.1997
L5 ab 21.04.1997
Verpuppung ab 05.05.1997
Falter ab 27.06.1997
Futterpflanze: *Ligustrum ovalifolium* (Liguster)

243 *Rothschildia aurota speculifera* Walker, 1855
Fundort: Süd-Brasilien, Sta. Catarina, Nova Teutonia
Zuchtdaten:
L1 ab 18.10.1986
L2 ab 24.10.1986
L3 ab 29.10.1986
L4 ab 04.11.1986
L5 ab 11.11.1986
Verpuppung ab 20.11.1986
Falter ab 18.01.1987
Futterpflanze: *Ligustrum ovalifolium* (Liguster)

244 *Rothschildia roxana* Schaus, 1905
Fundort: Mexico, Xilitla, San Luis Potosi
Zuchtdaten:
L1 ab 04.11.1989
L2 ab 10.11.1989
L3 ab 16.11.1989
L4 ab 23.11.1989
L5 ab 01.12.1989
Verpuppung ab 10.12.1989
Falter ab 20.01.1990
Futterpflanze: *Ligustrum ovalifolium* (Liguster)

Eupackardia Cockerell, 1912

245 *Eupackardia calleta* Westwood, 1853
Fundort: Südwest-Mexico, Jalisco, Chapala
Zuchtdaten:
L1 ab 27.07.1983, ca. 5 mm lang
L2 ab 30.07.1983
L3 ab 02.08.1983
L4 ab 06.08.1983
L5 ab 11.08.1983, ca. 85-90 mm lang, 18-20 mm ∅
Verpuppung ab 18.08.1983
Falter ab 15.05.1984
Futterpflanze: *Ligustrum ovalifolium* (Liguster)

Saturniinae – Orientalische Region

Attacus Linnaeus, 1767

246 *Attacus atlas* Linnaeus, 1758
Fundort: Taiwan
Zuchtdaten:
L1 ab 08.05.1977
L2 ab 14.05.1977
L3 ab 20.05.1977
L4 ab 26.05.1977
L5 ab 01.06.1977
L6 ab 07.06.1977
Verpuppung ab 16.06.1977
Falter ab 16.07.1977
Futterpflanze: *Ligustrum* (Liguster)

247 *Attacus atlas* Linnaeus, 1758
Fundort: Nord-Sumatra, Dolok Merangir
Zuchtdaten:
L1 ab 11.12.1982, ca. 8 mm lang
L2 ab 16.12.1982
L3 ab 21.12.1982
L4 ab 26.12.1982
L5 ab 02.01.1983
L6 ab 11.01.1983, ca. 110 mm lang, ca. 25 mm ∅
Verpuppung ab 25.01.1983
Falter ab 11.09.1983
Futterpflanze: *Ligustrum ovalifolium* (Liguster)

248 *Attacus atlas* Linnaeus, 1758
Fundort: Simeulue, Insel westlich von Sumatra
Zuchtdaten:
L1 ab 18.02.1997
L2 ab 27.02.1997
L3 ab 08.03.1997
L4 ab 16.03.1997
L5 ab 26.03.1997
L6 ab 06.04.1997
Verpuppung ab 19.04.1997
Futterpflanze: *Cotoneaster* und Kleinblättriger Liguster
Von den in L_1 erhaltenen Räupchen kam nur eines bis zur Verpuppung, die allerdings misslang.

249 *Attacus taprobanis* Moore, 1882/83
Fundort: Sri Lanka, Gurutalawa
Zuchtdaten:
L1 ab 12.09.1984, ca. 6 mm lang
L2 ab 17.09.1984
L3 ab 23.09.1984
L4 ab 29.09.1984
L5 ab 03.10.1984
L6 ab 09.10.1984, ca. 100 mm lang, ca. 20 mm ∅
Verpuppung ab 20.10.1984
Falter ab 08.04.1985
Futterpflanze: *Ligustrum* (Liguster)

250 *Attacus lorguinii* C. & R. Felder, 1861
Fundort: Philippinen, Süd-Luzon, Quezon City
Zuchtdaten:
L1 ab 05.10.1985
L2 ab 11.10.1985
L3 ab 16.10.1985
L4 ab 21.10.1985
L5 ab 26.10.1985
L6 ab 02.11.1985, ca. 110 mm lang, ca. 25 mm breit
Verpuppung ab 12.11.1985
Falter ab 31.12.1985
Futterpflanze: *Ligustrum* (Liguster)

251 *Attacus lorguinii* C. & R. Felder, 1861
Fundort: Philippinen, Palawan
Zuchtdaten:
L1 ab 31.08.1994
L2 ab 06.09.1994
L3 ab 11.09.1994
L4 ab 15.09.1994
L5 ab 20.09.1994
L6 ab 27.09.1994
Verpuppung ab 06.10.1994
Falter ab 07.09.1995
Futterpflanze: *Ligustrum* (Liguster)

252 *Attacus caesar* Maassen, 1873
Fundort: Philippinen, Mindanao
Zuchtdaten:
L1 ab 05.07.1992
L2 ab 11.07.1992
L3 ab 17.07.1992
L4 ab 22.07.1992
L5 ab 28.07.1992
L6 ab 05.08.1992
Verpuppung ab 15.08.1992
Falter ab 05.10.1992
Futterpflanze: *Ligustrum* (Liguster)

253 *Attacus erebus* Fruhstorfer, 1904
Fundort: Sulawesi (Celebes), Puncak Palopo
Zuchtdaten:
L1 ab 02.10.1996
L2 ab 08.10.1996
L3 ab 13.10.1996
L4 ab 18.10.1996
L5 ab 24.10.1996
L6 ab 01.11.1996
Verpuppung ab 12.11.1996
Falter ab 02.08.1997
Futterpflanze: *Ligustrum* (Liguster)

Archaeoattacus Watson, 1910

254 *Archaeoattacus edwardsii* White, 1859
Fundort: Nord-Indien, Himalaya-Vorberge
Zuchtdaten:
L1 ab 22.07.1977
L2 ab 27.07.1977
L3 ab 02.08.1977
L4 ab 08.08.1977
L5 ab 14.08.1977
L6 ab 20.08.1977
Verpuppung ab 29.08.1977
Falter ab 09.10.1977
Futterpflanze: *Ligustrum* (Liguster)

255 *Archaeoattacus staudingeri* W. Rothschild, 1895
Fundort: Nord-Sumatra, Nördlich des Toba-Sees, ca. 1800 m
Zuchtdaten:
L1 ab 20.02.1997
L2 ab 26.02.1997
L3 ab 03.03.1997
L4 ab 09.03.1997
L5 ab 17.03.1997
L6 ab 27.03.1997
Verpuppung ab 07.04.1997
Futterpflanze: Kleinblättriger Liguster
Vordere Tuberkeln bis 11 mm, hintere bis 12 mm lang.

Samia Hübner, 1820

256 *Samia canningi* Hutton, 1859
Fundort: Nord-Laos, Ban Min Ngon, ca. 15 km südwestlich von Xam Nua, ca. 1000 m
Zuchtdaten:
L1 ab 29.09.2002
L2 ab 04.10.2002
L3 ab 09.10.2002
L4 ab 14.10.2002
L5 ab 19.10.2002
Verpuppung ab 29.10.2002
Falter ab 27.11.2002
Futterpflanze: *Ligustrum* (Liguster) und *Ailanthus*

257 *Samia insularis* Snellen van Vollenhoven, 1862
Fundort: Nord-Sumatra
Falter ab 06.03.1987
Futterpflanze: *Ailanthus*

258 *Samia tetrica* Rebel, 1923
Fundort: West Malaysia, Cameron Highlands
Zuchtdaten:
L1 ab 02.06.1989
L2 ab 09.06.1989
L3 ab 14.06.1989
L4 ab 19.06.1989
L5 ab 24.06.1989
Verpuppung ab 30.06.1989
Falter ab 11.1989
Futterpflanze: *Ailanthus*

259 *Samia vandenberghi* Watson, 1915
Fundort: Sulawesi, Puncak Palopo
Zuchtdaten:
L1 ab 04.04.1998
L2 ab 11.04.1998
L3 ab 15.04.1998
L4 ab 19.04.1998
L5 ab 24.04.1998
Verpuppung ab 29.04.1998
Futterpflanze: *Malus hillieri* (Zierapfel)

Actias Leach, 1815

260 *Actias selene* Hübner, 1806
Fundort: Nord-Indien, Assam
Zuchtdaten:
L1 ab 23.05.1978
L2 ab 28.05.1978
L3 ab 02.06.1978
L4 ab 07.06.1978
L5 ab 12.06.1978
Verpuppung ab 19.06.1978
Falter ab 09.07.1978
Futterpflanze: *Malus hillieri* (Zierapfel)

261 *Actias selene* Hübner, 1806
Fundort: Sri Lanka, Kandy
Zuchtdaten:
L1 ab 14.02.1984
L2 ab 20.02.1984
L3 ab 25.02.1984
L4 ab 02.03.1984
L5 ab 07.03.1984
L6 ab 15.03.1984
Verpuppung ab 27.03.1984
Falter ab 23.04.1984
Futterpflanze: *Quercus turneri* (Immergrüne Eiche)

262 *Actias selene* Hübner, 1806
Fundort: West-Malaysia
Zuchtdaten:
L1 ab 20.08.1991
L2 ab 24.08.1991
L3 ab 30.08.1991
L4 ab 05.09.1991
L5 ab 12.09.1991
Verpuppung ab 23.09.1991
Falter ab 21.10.1991
Futterpflanze: *Malus hillieri* (Zierapfel)

263 *Actias selene ningpoana* Felder, 1862
Fundort: Taiwan
Zuchtdaten:
L1 ab 03.10.1983, ca. 5 mm lang
L2 ab 07.10.1983
L3 ab 11.10.1983
L4 ab 16.10.1983
L5 ab 22.10.1983
L6 ab 28.10.1983, ca. 85 mm lang, ca. 15 mm ∅
Verpuppung ab 05.11.1983
Falter ab 29.11.1983
Futterpflanze: *Quercus turneri* (Immergrüne Eiche)

264 *Actias isis* Sonthonnax, 1899
Fundort: Süd-Sulawesi (Celebes), Tanataraya, Pulu-Pulu, 1800 m
Zuchtdaten:
L1 ab 20.01.1996
L2 ab 27.01.1996
L3 ab 02.02.1996
L4 ab 09.02.1996
L5 ab 17.02.1996
Verpuppung ab 26.02.1996
Falter ab 28.03.1996
Futterpflanze: *Ligustrum* (Liguster), teils auch *Quercus turneri* (Immergrüne Eiche)

265 *Actias maenas diana* Maassen, 1872
Fundort: West-Malaysia, Perak, Tapeh
Zuchtdaten:
L1 ab 11.06.1982, ca. 7-8 mm lang
L2 ab 16.06.1982
L3 ab 21.06.1982
L4 ab 26.06.1982
L5 ab 05.07.1982, ca. 80 mm lang, ca. 15 mm ∅
Verpuppung ab 18.07.1982
Falter ab 08.08.1982
Futterpflanze: *Rhus* (Essigbaum)

266 *Actias maenas diana* Maassen, 1872
Fundort: Nord-Sumatra, Dolok Merangir
Zuchtdaten:
L1 ab 29.10.1982
L2 ab 04.11.1982
L3 ab 09.11.1982
L4 ab 14.11.1982
L5 ab 23.11.1982
Verpuppung ab 06.12.1982
Falter ab 02.01.1983
Futterpflanze: *Quercus* (Eiche)

267 *Actias rhodopneuma* Röber, 1925
Fundort: Nord-Vietnam, Mt. Fan-si-pan, 1525 m
Zuchtdaten:
Ei: Oval, braun, 2 × 1,5 mm.
L1 ab 20.07.1994, sehr klein, ca. 4-5 mm lang
L2 ab 24.07.1994, ca. 9 mm lang
L3 ab 27.07.1994, ca. 15 mm lang
L4 ab 30.07.1994, ca. 25 mm lang
L5 ab 04.08.1994, ca. 50 mm, vor der Verpuppung 60-70 mm lang
Verpuppung ab 11.08.1994
Falter ab 11.09.1994
Futterpflanze: *Rhus* (Essigbaum)
Temperatur und Standort: Offene Zimmerzucht bei ca. 25-28 °C (Jahrhundertsommer).

Zuchtbericht:
Als ich die wertvollen Eier von R. Brechlin erhielt, stand ich gerade vor der Abreise mit der Familie in den Urlaub nach Kärnten, sodass ich in Kenntnis der Millstätter Zuchtmöglichkeiten keinen Amberbaum *(Liquidambar)* anbieten konnte, der mir von W. Nässig empfohlen wurde. Zu meiner großen Überraschung nahmen die Räupchen jedoch sofort *Rhus* an, den ich am Urlaubsort ausreichend und in bester Qualität zur Verfügung hatte.
Verhalten vor der Verpuppung: Die Raupen begannen nach vorheriger Entleerung und bräunlicher Verfärbung im Laufe der Nacht, also ab 11.08.1994, mit dem Einspinnen zwischen die Blätter der Zweige.
Außergewöhnlich und auffällig war das Verhalten der Raupen nach der Verfärbung: Sie verließen ausnahmslos die in eine Flasche gestellten *Rhus*-Zweige und wanderten nach unten in die Schüssel, wo sie reglos liegen blieben. Mehr als Versuch gedacht, setzte ich sie vorsichtig wieder auf die Zweige, wo sie sofort mit dem Einspinnen begannen.
Wie kann dieses Verhalten in der Natur gewertet werden? Einspinnen erst nach Wanderung aus oberen Gefilden der Bäume über braune Äste und am Stamm in untere Bereiche? Eine Hypothese zum Nachdenken.

Antheraea Hübner, 1816

268 *Antheraea castanea youngi* Watson, 1915
Fundort: Thailand, Kanchanabury, Srirawad
Zuchtdaten:
L1 ab 28.06.2002
L2 ab 04.07.2002
L3 ab 10.07.2002
L4 ab 16.07.2002
L5 ab 22.07.2002
L6 ab 28.07.2002
Verpuppung ab 10.08.2002
Falter ab 26.08.2002
Futterpflanze: *Fagus silvatica* (Rotbuche)

269 *Antheraea cordifolia* Weymer, 1906
Fundort: Sulawesi (Celebes), Puncak, Palopo
Zuchtdaten:
L1 ab 04.04.1998
L2 ab 10.04.1998
L3 ab 15.04.1998
L4 ab 20.04.1998
L5 ab 27.04.1998
Verpuppung ab 07.05.1998
Falter ab 16.07.1998
Futterpflanze: *Malus hillieri* (Zierapfel)

270 *Antheraea frithi pedunculata* Bouvier, 1936
Fundort: Süd-Thailand, Surat Thani
Zuchtdaten:
L1 ab 27.03.1989
L2 ab 03.04.1989
L3 ab 09.04.1989
L4 ab 14.04.1989
L5 ab 21.04.1989
Verpuppung ab 30.04.1989
Falter ab 03.06.1989
Futterpflanze: *Crataegus* (Weißdorn)

271 *Antheraea halconensis* Paukstadt & Brosch, 1996
Fundort: Philippinen, Luzon
Zuchtdaten:
L1 ab 28.02.1988
L2 ab 09.03.1988
L3 ab 17.03.1988
L4 ab 24.03.1988
L5 ab 01.04.1988
L6 ab 11.04.1988
Verpuppung ab 26.04.1988
Falter ab 14.06.1988
Futterpflanze: *Pyracantha* (Feuedorn)

272 *Antheraea helferi borneensis* Moore, 1892
Fundort: West-Malaysia
Zuchtdaten:
L1 ab 29.07.1989
L2 ab 03.08.1989
L3 ab 09.08.1989
L4 ab 15.08.1989
L5 ab 22.08.1989
L6 ab 30.08.1989
L7 ab 10.09.1989 (nur 1 Raupe)
Futterpflanze: *Quercus* (Eiche), in L6: *Malus hillieri* (Zierapfel)
Leider verstarben die Raupen in L6/L7

273 *Antheraea lampei* Nässig & Holloway, 1989
Fundort: Nord-Sumatra, Umgebung von Dolok Merangir

Zuchtdaten:
L1 ab 07.11.1982, ca. 8 mm lang
L2 ab 12.11.1982
L3 ab 17.11.1982
L4 ab 24.11.1982
L5 ab 02.12.1982, ca. 100 mm lang, 20-25 mm ∅
Verpuppung ab 14.12.1982
Falter ab 19.01.1983
Futterpflanze: *Quercus turneri* (Immergrüne Eiche)

274 *Antheraea larissa* Westwood, 1847
Fundort: Nord-Thailand, ca. 1000 m
Zuchtdaten:
L1 ab 18.07.2002
L2 ab 27.07.2002
L3 ab 03.08.2002
L4 ab 09.08.2002
L5 ab 17.08.2002
Futterpflanze: *Liquidambar* (Amberbaum)
Die einzige Raupe verstarb in L5.

275 *Antheraea paphia* Linnaeus, 1758
Fundort: Indien
Zuchtdaten:
L1 ab 02.11.1992
L2 ab 08.11.1992
L3 ab 13.11.1992
L4 ab 20.11.1992
L5 ab 30.11.1992
Verpuppung ab 13.12.1992
Falter ab 24.06.1993
Futterpflanze: *Quercus turneri* (Immergrüne Eiche)
Nach vagen Angaben stammten die Eier aus einer südindischen Zuchtstation (Bombay?)

276 *Antheraea paukstadtorum* Holloway, Naumann & Nässig, 1996
Fundort: Sulawesi (Celebes), Telur Kupu-Malam, Puncak
Zuchtdaten:
L1 ab 05.04.1998
L2 ab 11.04.1998
L3 ab 16.04.1998
L4 ab 22.04.1998
L5 ab 30.04.1998
Verpuppung ab 09.05.1998
Falter ab 16.10.1998
Futterpflanze: *Malus hillieri* (Zierapfel)

277 *Antheraea platessa* Rothschild, 1903
Fundort: Thailand, Kanchanaburi, Srirawad
Zuchtdaten:
L1 ab 07.10.2000
L2 ab 12.10.2000
L3 ab 17.10.2000
L4 ab 24.10.2000
L5 ab 07.11.2000
Verpuppung ab 21.11.2000
Falter ab 27.12.2000
Futterpflanze: *Salix viminalis* (Korbweide)
Da sich nur 1 Raupe verpuppte, wurde auf die Öffnung des Kokons zwecks Fotografie der Puppe verzichtet.

278 *Antheraea pratti* Bouvier, 1928
Fundort: Nord-Sumatra, Umgebung von Dolok Merangir
Zuchtdaten:
L1 ab 15.01.1983, ca. 6 mm lang
L2 ab 21.01.1983
L3 ab 27.01.1983
L4 ab 02.02.1983
L5 ab 08.02.1983
L6 ab 14.02.1983, ca. 60 mm lang, ca. 13 mm ∅
Verpuppung ab 22.02.1983
Falter ab 29.05.1983
Futterpflanze: *Quercus turneri* (Immergrüne Eiche)

279 *Antheraea rosemariae* Holloway, Nässig & Naumann, 1995
Fundort: Sulawesi (Celebes), Telur, Kupu Malam
Zuchtdaten:
L1 ab 09.05.1998
L2 ab 14.05.1998
L3 ab 19.05.1998
L4 ab 24.05.1998
L5 ab 31.05.1998
Verpuppung ab 11.06.1998
Falter ab 07.12.1998
Futterpflanze: *Malus hillieri* (Zierapfel)

280 *Antheraea roylei roylei* Moore, 1858
Fundort: Nord-Indien, Assam
Zuchtdaten:
L1 ab 20.03.1984, ca. 6 mm lang
L2 ab 25.03.1984
L3 ab 30.03.1984
L4 ab 04.04.1984
L5 ab 10.04.1984, ca. 75-80 mm lang, ca. 20 mm ∅
Verpuppung ab 19.04.1984
Falter ab 18.05.1984
Futterpflanze: *Quercus turneri* (Immergrüne Eiche)

281 *Antheraea roylei roylei* Moore, 1858
Fundort: Nord-Thailand, Kanchanaburi
Zuchtdaten:
L1 ab 10.09.2000
L2 ab 17.09.2000
L3 ab 23.09.2000
L4 ab 30.09.2000
L5 ab 10.10.2000
Verpuppung ab 25.10.2000
Falter ab 22.01.2001
Futterpflanze: Bis L4: *Malus hillieri* (Zierapfel), ab L5: *Salix viminalis* (Korbweide)

282 *Antheraea roylei korintjiana* Bouvier, 1928
Fundort: West-Malaysia, Tapah Hills National Reserve, Cameron Highlands
Futterpflanze: *Quercus* (Eiche)

Loepa Moore, 1858

283 *Loepa katinka* Westwood, 1848
Fundort: Nord-Indien, Assam
Zuchtdaten:
L1 ab 20.07.1996
L2 ab 25.07.1996
L3 ab 30.07.1996
L4 ab 03.08.1996
L5 ab 08.08.1996
Verpuppung ab 12.08.1996
Falter ab 19.09.1996
Futterpflanze: *Parthenocissus* (Wilder Wein)

284 *Loepa megacore* Jordan, 1911
Fundort: Sumatra, Dolok Merangir
Zuchtdaten:
L1 ab 26.03.1985
L2 ab 01.04.1985
L3 ab 06.04.1985
L4 ab 11.04.1985
L5 ab 16.04.1985
Verpuppung ab 25.04.1985
Falter ab 05.06.1985
Futterpflanze: *Parthenocissus* (Wilder Wein)

285 *Loepa megacore* Jordan, 1911
Fundort: West-Malaysia, Cameron Highlands
Zuchtdaten:
L1 ab 04.06.1989
L2 ab 12.06.1989
L3 ab 17.06.1989
L4 ab 23.06.1989
L5 ab 29.06.1989
Verpuppung ab 07.07.1989
Falter ab 19.02.1990
Futterpflanze: *Parthenocissus* (Wilder Wein)

286 *Loepa minahassae* Mell, 1938
Fundort: Sulawesi (Celebes), Telur Kupu Malam
Zuchtdaten:
L1 ab 04.07.1998
L2 ab 11.07.1998
L3 ab 17.07.1998
L4 ab 26.07.1998
L5 ab 07.08.1998
Verpuppung ab 28.08.1998
Falter ab 12.12.1998
Futterpflanze: *Parthenocissus* (Wilder Wein), ab L5 *Salix viminalis* (Korbweide)

287 *Loepa miranda* Moore, 1879
Fundort: Nord-Thailand, Chiang Mai, Doi Inthanon, 2565 m
Zuchtdaten:
L1 ab 03.10.2001
L2 ab 08.10.2001
L3 ab 13.10.2001
L4 ab 18.10.2001
L5 ab 25.10.2001
Verpuppung ab 09.11.2001
Falter ab 19.02.2002
Futterpflanze: *Parthenocissus* (Wilder Wein)

Rhodinia Staudinger, 1892

288 *Rhodinia newara* Moore, 1872
Fundort: Nord-Vietnam, Mt. Fan-si-pan
Zuchtdaten:
L1 ab 02.04.1995
L2 ab 07.04.1995
L3 ab 12.04.1995
L4 ab 18.04.1995
L5 ab 24.04.1995
Verpuppung ab 08.05.1995
Falter ab 25.12.1995
Futterpflanze: *Malus hillieri* (Zierapfel) und *Crataegus* (Weißdorn)

Saturnia Schrank, 1802
(= *Caligula* Moore, 1862)

289 *Saturnia boisduvalii* Eversmann, 1847
Fundort: Nord-Vietnam
Zuchtdaten:
L1 ab 25.04.1996
L2 ab 29.04.1996
L3 ab 02.05.1996
L4 ab 05.05.1996
L5 ab 09.05.1996
Verpuppung ab 14.05.1996
Futterpflanze: *Malus hillieri* (Zierapfel)
Die Zucht erbrachte keine Falter.

290 *Saturnia lindia* Moore, 1865
Fundort: Nord-Indien, Baltal bei Sonamarg, ca. 3000 m
Zuchtdaten:
L1 ab 23.05.1981
L2 ab 28.05.1981
L3 ab 02.06.1981
L4 ab 07.06.1981
L5 ab 14.06.1981
Verpuppung ab 22.06.1981
Falter ab 06.03.1982
Futterpflanze: *Betula* (Birke)

291 *Saturnia pinratanai* Lampe, 1989
Fundort: Nord-Thailand, Doi Inthanon, ca. 1800 m
Zuchtdaten:
L1 ab 26.10.1989, ca. 5 mm lang
L2 ab 17.11.1989
L3 ab 09.12.1989
L4 ab 26.12.1989
L5 ab 12.01.1990
L6 ab 27.01.1990
L7 ab 12.02.1990, ca. 100 mm lang, ca. 15-17 mm ∅
Verpuppung ab 01.03.1990
Falter ab 25.09.1990
Futterpflanze: *Ligustrum ovalifolium* (Liguster)

292 *Saturnia simla* Westwood, 1874
Fundort: Nord-Thailand, Doi Inthanon, ca. 1800 m
Zuchtdaten:
L1 ab 05.04.1999
L2 ab 11.04.1999
L3 ab 16.04.1999
L4 ab 22.04.1999
L5 ab 29.04.1999
Verpuppung ab 09.05.1999
Falter ab 18.12.1999
Futterpflanze: *Malus hillieri* (Zierapfel)

293 *Saturnia thibeta* Westwood, 1853
Fundort: Nord-Thailand, Doi Inthanon, Chiang Mai
Zuchtdaten:
L1 ab 24.03.1999
L2 ab 29.03.1999
L3 ab 02.04.1999
L4 ab 06.04.1999
L5 ab 11.04.1999
Verpuppung ab 18.04.1999
Falter ab 01.01.2000
Futterpflanze: *Crataegus* (Weißdorn) und *Malus hillieri* (Zierapfel)

Cricula Walker, 1855

294 *Cricula agria* Jordan, 1909
Fundort: Süd-Indien, Madras
Zuchtdaten:
L1 ab 13.04.1992
L2 ab 21.04.1992
L3 ab 01.05.1992
L4 ab 09.05.1992
L5 ab 17.05.1992
Verpuppung ab 27.05.1992
Falter ab 01.07.1992
Futterpflanze: *Malus hillieri* (Zierapfel)

295 *Cricula jordani* Bryk, 1944
Fundort: Nord-Vietnam, Mt. Fan-si-pan, 1600-1800 m
Zuchtdaten:
L1 ab 14.04.1995
L2 ab 21.04.1995
L3 ab 28.04.1995
L4 ab 04.05.1995
L5 ab 10.05.1995
Verpuppung ab 20.05.1995
Futterpflanze: *Malus hillieri* (Zierapfel)

296 *Cricula trifenestrata trifenestrata* Helfer, 1837
Fundort: Nord-Indien
Futterpflanze: *Quercus* (Eiche)

297 *Cricula trifenestrata javana* Watson, 1913
Fundort: Nord-Sumatra, Dolok Merangir
Futterpflanze: *Malus hillieri* (Zierapfel)

298 *Cricula trifenestrata javana* Watson, 1913
Fundort: Java, Puncak
Zuchtdaten:
L1 ab 18.10.1994
L2 ab 25.10.1994
L3 ab 31.10.1994
L4 ab 06.11.1994
L5 ab 11.11.1994
Verpuppung ab 17.11.1994
Falter ab 21.12.1994
Futterpflanze: *Salix pentandra* (Lorbeerweide)

299 *Cricula trifenestrata javana* Watson, 1913
Fundort: West-Java, Salak Mt., 800 m
Zuchtdaten:
L1 ab 13.05.1993
L2 ab 19.05.1993
L3 ab 25.05.1993
L4 ab 30.05.1993
L5 ab 04.06.1993
Verpuppung ab 09.06.1993
Falter ab 07.07.1993
Futterpflanze: *Malus hillieri* (Zierapfel)

Lemaireia Nässig & Holloway, 1987

300 *Lemaireia luteopeplus aureopeplus* Nässig & Holloway, 1988
Fundort: Nord-Thailand
Zuchtdaten:
L1 ab 02.06.1988, ca. 3 mm lang
L2 ab 07.06.1988
L3 ab 12.06.1988
L4 ab 16.06.1988
L5 ab 22.06.1988, ca. 50-60 mm lang, ca. 10 mm ∅
Verpuppung ab 30.06.1988
Falter ab 27.08.1988
Futterpflanze: *Liquidambar styraciflua* (Amberbaum) und *Rhus typhina* (Essigbaum)

Salassinae – Orientalische Region

Salassa Moore, 1859

301 *Salassa fansipana* Brechlin, 1997
Fundort: Nord-Vietnam, Mt. Fan-si-pan, 1525 m
Zuchtdaten:
Ei: Oval, hellgrün, ca. 2,5 × 2 mm.
L1 ab 23.07.1994, sehr klein, ca. 4-5 mm lang
L2 ab 30.07.1994, zu Beginn ca. 10 mm lang, hellgrün
L3 ab 06.08.1994, ca. 22 mm lang
L4 ab 20.08.1994, ca. 30 mm lang
L5 ab 07.09.1994, ca. 40 mm lang
L6 ab 24.09.1994, ca. 55 mm lang und ca. 20 mm breit, vor der Verpuppung ca. 75 mm lang und 25 mm breit
Verpuppung ab 18.10.1994
Futterpflanze: *Salix pentandra* (Lorbeerweide)
Temperatur und Standort: Offene Zimmerzucht bei 25-28 °C.
Zuchtbericht:
Die Lorbeerweide wurde sofort angenommen. Primär Nachtfresser, tagsüber seltene, kurze, schnelle Fraßzeiten von ca. 1-2 Minuten, erst in der Dämmerung wieder mit dem Fressen beginnend, ständig in der Tarnstellung eines abstehenden Blattes, wohl ein Grund für die extrem langsame Entwicklung in fast drei Monaten. Sehr störanfällige, scheue Raupe, eine kurze Bewegung des Zweiges genügt zum Rückzug vom Fraß.
Von 5 Raupen gelangten lediglich 2 bis zur Puppe. 2 kleine Räupchen im zweiten Stadium, gemeinsam auf einem Blättchen sitzend, schlugen nach gegenseitiger Berührung mit den Vorderkörpern ohne Zurückweichen so lange aufeinander ein, bis sie mit »Erbrochenem« über und über besudelt starben. Eine dritte Raupe starb bereits in L_1.
Aufällig war auch die Ruhepause von ca. 3 Tagen vor der Häutung.
Verhalten vor der Verpuppung: Nach hellbräunlicher Verfärbung gingen die beiden Raupen am 18.10. und 10.11.1994 zur Verpuppung an die Erde zwischen alten Blättern, Rindenstücken u.ä. »Naturabfall«.
Die beiden Puppen in lockerem Gespinst, welches am Kremaster verankert ist. Größe: ca. 40 mm lang und 16 und 19 mm breit.

302 *Salassa thespis* Leech, 1890
Fundort: Nord-Thailand, Doi Inthanon, ca. 1800 m
Zuchtdaten:
L1 ab 02.07.2004
L2 ab 09.07.2004
L3 ab 18.07.2004
L4 ab 26.07.2004
L5 ab 04.08.2004
L6 ab 20.08.2004
Verpuppung ab 15.09.2004
Futterpflanze: *Salix caprea* (Salweide)
Langwierige Zucht, primär Nachtfresser, kein Kokon, lediglich relativ wenige Spinnfäden um einige Totlaubblätter, keine Falter, es wird das Muttertier abgebildet.

Agliinae – Paläarktische Region

Aglia Ochsenheimer, 1870

303 *Aglia tau* Linnaeus, 1758
Fundort: Österreich, Oberösterreich, Traun
Futterpflanze: *Tilia* (Linde)

Saturniinae – Paläarktische Region

Saturnia Schrank, 1802

304 *Saturnia pavonia* Linnaeus, 1758
Fundort: Deutschland, Hochschwarzwald
Zuchtdaten:
L1 ab 03.05.1984
L2 ab 07.05.1984
L3 ab 10.05.1984
L4 ab 14.05.1984
L5 ab 19.05.1984
Verpuppung ab 26.05.1984
Falter ab 10.03.1985
Futterpflanze: *Crataegus* (Weißdorn)

305 *Saturnia pavoniella* Scopoli, 1763
Fundort: Oberitalien, Forli
Zuchtdaten:
L1 ab 02.05.1984
L2 ab 06.05.1984
L3 ab 10.05.1984
L4 ab 15.05.1984
L5 ab 22.05.1984
Verpuppung ab 01.06.1984
Falter ab 04.03.1985
Futterpflanze: *Crataegus* (Weißdorn)

306 *Saturnia pavoniella* Scopoli, 1763
Fundort: Türkei, Bolu, Abant Daglari, N Abant Göl (See), 800 m
Zuchtdaten:
L1 ab 16.05.1992
L2 ab 21.05.1992
L3 ab 26.05.1992
L4 ab 30.05.1992
L5 ab 06.06.1992
Verpuppung ab 19.06.1992
Falter ab 22.03.1993
Futterpflanze: *Malus hillieri* (Zierapfel)

307 *Saturnia spini* Denis & Schiffermüller, 1775
Fundort: Mazedonien, Umgebung von Bitola
Zuchtdaten:
L1 ab 28.04.1986
L2 ab 02.05.1986
L3 ab 07.05.1986
L4 ab 12.05.1986
L5 ab 20.05.1986
Verpuppung ab 29.05.1986
Falter ab 29.04.1987
Futterpflanze: L1 und L2: *Malus hillieri* (Zierapfel), *Salix* (Weide) und *Crataegus* (Weißdorn), ab L3: *Prunus spinosa* (Schlehe)

308 *Saturnia pyri* Schiffermüller, 1776
Fundort: Österreich, Niederösterreich, Wachau
Futterpflanze: *Malus hillieri* (Zierapfel)

309 *Saturnia atlantica* Lucas, 1848
Fundort: Algerien, 60 km südlich von Algier, Gorge de la Chiffa
Zuchtdaten:
L1 ab 28.04.1983
L2 ab 02.05.1983
L3 ab 06.05.1983
L4 ab 11.05.1983
L5 ab 16.05.1983
Verpuppung ab 24.05.1983
Falter ab 10.03.1984
Futterpflanze: *Malus hillieri* (Zierapfel)

Saturnia Schrank, 1802
(= *Caligula* Moore, 1862)

310 *Saturnia simla* Westwood, 1874
Fundort: Ost-China, Zhejiang-Prov.
Zuchtdaten:
L1 ab 15.03.2005
L2 ab 23.03.2005
L3 ab 28.03.2005
L4 ab 02.04.2005
L5 ab 07.04.2005
Verpuppung ab 21.04.2005
Falter ab 13.08.2005
Futterpflanze: *Ligustrum ovalifolium* (Liguster)

311 *Saturnia simla* Westwood, 1874
Fundort: Bhutan, Puntscholing
Zuchtdaten:
L1 ab 31.03.1989
L2 ab 05.04.1989
L3 ab 11.04.1989
L4 ab 16.04.1989
L5 ab 22.04.1989
Verpuppung ab 01.05.1989
Falter ab 08.10.1989
Futterpflanze: *Malus hillieri* (Zierapfel)

312 *Saturnia cachara* Moore, 1872
Fundort: China, Yunnan, Maguan, Danaida, 2500 m
Zuchtdaten:
L1 ab 26.06.2003
L2 ab 03.07.2003
L3 ab 10.07.2003
L4 ab 17.07.2003
L5 ab 23.07.2003
Verpuppung ab 02.08.2003
Falter ab 02.02.2004
Futterpflanze: *Tilia platyphyllos* (Sommerlinde)

313 *Saturnia zuleika* Hope, 1933
Fundort: China, Yunnan, Changning, Songzishanding, 250 m
Zuchtdaten:
L1 ab 01.07.2003
L2 ab 07.07.2003
L3 ab 13.07.2003
L4 ab 20.07.2003
L5 ab 28.07.2003
Verpuppung ab 13.08.2003
Falter ab 28.05.2004
Futterpflanze: *Salix caprea* (Salweide)

314 *Saturnia boisduvalii* Eversmann, 1847
Fundort: Fernost-Russland, Wladiwostok
Zuchtdaten:
L1 ab 19.04.1992
L2 ab 24.04.1992
L3 ab 27.04.1992
L4 ab 01.05.1992
L5 ab 06.05.1992
Verpuppung ab 13.05.1992
Falter ab 17.08.1992
Futterpflanze: *Malus hillieri* (Zierapfel)

Saturnia Schrank, 1802
(= *Caligula* Moore, 1862)
(= *Dictioploca* Jordan, 1911)

315 *Saturnia japonica* Moore, 1862
Fundort: Japan, Hidaka T, Saitama Pref.
Zuchtdaten:
L1 ab 18.04.1982
L2 ab 24.04.1982
L3 ab 01.05.1982
L4 ab 07.05.1982
L5 ab 14.05.1982
Verpuppung ab 22.05.1982
Falter ab 01.09.1982
Futterpflanze: *Crataegus* (Weißdorn)

Saturnia Schrank, 1802
(= *Caligula* Moore, 1862)

316 *Saturnia jonasii* Butler, 1877
Fundort: Japan
Zuchtdaten:
L1 ab 02.04.1978
L2 ab 08.04.1978
L3 ab 11.04.1978
L4 ab 14.04.1978
L5 ab 19.04.1978
Verpuppung ab 25.04.1978
Falter ab 30.09.1978
Futterpflanze: *Malus hillieri* (Zierapfel)

317 *Saturnia thibeta* Westwood, 1853
Fundort: Bhutan, Puntscholing
Zuchtdaten:
L1 ab 16.04.1984, ca. 5 mm lang
L2 ab 23.04.1984
L3 ab 27.04.1984
L4 ab 01.05.1984
L5 ab 06.05.1984, ca. 90 mm lang, ca. 20 mm ∅
Verpuppung ab 14.05.1984
Falter ab 09.11.1984
Futterpflanze: *Malus hillieri* (Zierapfel)

Perisomena Walker, 1855
(= *Saturnia* Schrank, 1802)

318 *Perisomena caecigena* Kupido, 1825
Fundort: Slowenien
Zuchtdaten:
L1 ab 25.04.1984
L2 ab 29.04.1984
L3 ab 02.05.1984
L4 ab 07.05.1984
Verpuppung ab 14.05.1984
Falter ab 25.09.1984
Futterpflanze: *Malus hillieri* (Zierapfel)

Perisomena Walker, 1855
(= *Neoris* Moore, 1862)

319 *Perisomena huttoni naessigi* de Freina, 1992
Fundort: Armenien
Zuchtdaten:
L1 ab 12.04.1995
L2 ab 16.04.1995
L3 ab 19.04.1995
L4 ab 23.04.1995
L5 ab 27.04.1995
Verpuppung ab 04.05.1995
Futterpflanze: *Crataegus* (Weißdorn)

320 *Perisomena huttoni naessigi* de Freina, 1992
Fundort: Ost-Türkei, Prov. Erzincan, Munzur-Tal
Zuchtdaten:
L1 ab 23.04.1993
L2 ab 27.04.1993
L3 ab 30.04.1993
L4 ab 03.05.1993
L5 ab 07.05.1993
Verpuppung ab 14.05.1993
Falter ab 15.10.1993
Futterpflanze: *Malus hillieri* (Zierapfel)

321 *Perisomena huttoni naessigi* de Freina, 1992
Fundort: Ost-Türkei, Prov. Erzincan, Munzur-Tal
Zuchtdaten:
L1 ab 22.04.1992
L2 ab 26.04.1992
L3 ab 29.04.1992
L4 ab 07.05.1992
Verpuppung ab 14.05.1992
Falter ab 04.10.1992
Futterpflanze: *Malus hillieri* (Zierapfel)

322 *Perisomena huttoni shadulla* Moore, 1872
Fundort: Usbekistan, 60 km südöstlich von Taschkent, Chatkal Reserve, 1250 m
Zuchtdaten:
L1 ab 22.04.1993
L2 ab 26.04.1993
L3 ab 29.04.1993
L4 ab 01.05.1993
L5 ab 05.05.1993
Verpuppung ab 12.05.1993
Falter ab 02.10.1993
Futterpflanze: *Malus hillieri* (Zierapfel)

Antheraea Hübner, 1816

323 *Antheraea pernyi* Guerin-Meneville, 1855
Fundort: Fernost-Russland
Zuchtdaten:
L1 ab 13.04.1992
L2 ab 21.04.1992
L3 ab 01.05.1992
L4 ab 09.05.1992
L5 ab 17.05.1992
Verpuppung ab 27.05.1992
Falter ab 12.07.1992
Futterpflanze: *Quercus* (Eiche)

324 *Antheraea yamamai* Guerin-Meneville, 1861
Fundort: Japan, Kanazawa, Ishikawa
Zuchtdaten:
L1 ab 07.04.1982
L2 ab 12.04.1982
L3 ab 17.04.1982
L4 ab 23.04.1982
L5 ab 30.04.1982
Verpuppung ab 12.05.1982
Falter ab 31.07.1982
Futterpflanze: *Malus hillieri* (Zierapfel)

Rhodinia Staudinger, 1892

325 *Rhodinia jankowskii* Oberthür, 1881
Fundort: Japan, Kanazawa
Zuchtdaten:
L1 ab 26.02.1989
L2 ab 08.03.1989
L3 ab 13.03.1989
L4 ab 18.03.1989
L5 ab 23.03.1989
Verpuppung ab 04.04.1989
Falter ab 14.08.1989
Futterpflanze: Zierröschen, sehr zeitiger Austrieb.
Bei Störung waren Zirpgeräusche der größeren Raupen zu vernehmen.

326 *Rhodinia fugax* Butler, 1877
Fundort: Japan, Ohtsu Shiga Pref.
Zuchtdaten:
L1 ab 13.04.1985
L2 ab 17.04.1985
L3 ab 21.04.1985
L4 ab 26.04.1985
L5 ab 02.05.1985
Verpuppung ab 16.05.1985
Falter ab 28.10.1985
Futterpflanze: *Malus hillieri* (Zierapfel)

Cricula Walker, 1855

327 *Cricula andrei* Jordan, 1909
Fundort: Bhutan, Puntscholing
Zuchtdaten:
L1 ab 03.04.1985
L2 ab 10.04.1985
L3 ab 17.04.1985
L4 ab 22.04.1985
L5 ab 29.04.1985
Verpuppung ab 07.05.1985
Falter ab 01.06.1985
Futterpflanze: *Rhododendron* (Rhododendron)

Samia Hübner, 1820

328 *Samia pryeri* Butler, 1878
Fundort: Japan
Zuchtdaten:
L1 ab 27.06.1985
L2 ab 02.07.1985
L3 ab 06.07.1985
L4 ab 09.07.1985
L5 ab 14.07.1985
Verpuppung ab 25.07.1985
Falter ab 07.04.1986
Futterpflanze: *Ailanthus* (Götterbaum)

Actias Leach, 1815

329 *Actias isabellae* Graells, 1849
Fundort: Spanien, Prov. Huesca, Jaca, 900 m
Zuchtdaten:
L1 ab 27.05.1983
L2 ab 31.05.1983
L3 ab 03.06.1983
L4 ab 06.06.1983
L5 ab 09.06.1983
Verpuppung ab 16.06.1983
Falter ab 30.03.1984
Futterpflanze: *Pinus* (Kiefer)

330 *Actias gnoma* Butler, 1877
Fundort: »Japan«
Zuchtdaten:
L1 ab 21.05.1984
L2 ab 26.05.1984
L3 ab 30.05.1984
L4 ab 04.06.1984
L5 ab 11.06.1984
Verpuppung ab 22.06.1984
Falter ab 07.1984
Futterpflanze: *Crataegus* (Weißdorn)

331 *Actias sinensis* Walker, 1855
Fundort: China, Dahongshan, Shuizhou, Hubei, 1600 m
Zuchtdaten:
L1 ab 22.06.2004
L2 ab 26.06.2004
L3 ab 29.06.2004
L4 ab 02.07.2004
L5 ab 07.07.2004
Verpuppung ab 13.07.2004
Falter ab 30.07.2004
Futterpflanze: *Liquidambar* (Amberbaum)

332 *Actias selene ningpoana* Felder, 1862
Fundort: China, Nordost-Sichuan, Hueyueshan, 1500 m
Zuchtdaten:
L1 ab 12.04.2001
L2 ab 18.04.2001
L3 ab 22.04.2001
L4 ab 27.04.2001
L5 ab 03.05.2001
Verpuppung ab 11.05.2001
Falter ab 30.05.2001
Futterpflanze: *Crataegus* (Weißdorn)

333 *Actias dubernardi* Oberthür, 1897
Fundort: China, Prov. Hubei, Shuizhou, Pahongshan, 1600 m.
Zuchtdaten:
L1 ab 16.10.2003
L2 ab 21.10.2003
L3 ab 26.10.2003
L4 ab 01.11.2003
L5 ab 08.11.2003
Verpuppung ab 17.11.2003
Falter ab 16.02.2004
Futterpflanze: *Pinus sylvestris* (Kiefer)

334 *Actias artemis* Bremer, 1861
Fundort: Süd-Korea, Umgebung von Seoul
Zuchtdaten:
L1 ab 05.10.1983
L2 ab 09.10.1983
L3 ab 13.10.1983
L4 ab 18.10.1983
L5 ab 23.10.1983
Verpuppung ab 31.10.1983
Falter ab 16.03.1984
Futterpflanze: *Quercus turneri* (Immergrüne Eiche)

Loepa Moore, 1858

335 *Loepa obscuromarginata* Naumann, 1998
Fundort: China, Hunan, Yinzhang
Zuchtdaten:
L1 ab 06.04.2004
L2 ab 12.04.2004
L3 ab 16.04.2004
L4 ab 19.04.2004
L5 ab 24.04.2004
Verpuppung ab 30.04.2004
Falter ab 02.09.2004
Futterpflanze: *Malus hillieri* (Zierapfel)

336 *Loepa microocellata* Naumann & Kishida, 2001
Fundort: China, Südost-Guizhou-Prov., Mt. Shitoushan, 1600 m
Zuchtdaten:
L1 ab 17.04.2004
L2 ab 22.04.2004
L3 ab 25.04.2004
L4 ab 29.04.2004
L5 ab 04.05.2004
Verpuppung ab 14.05.2004
Falter ab 04.09.2004
Futterpflanze: *Malus hillieri* (Zierapfel)

Verzeichnis der abgebildeten Arten

	Art, Unterart	Faunenregion	Fundort	Tafel	Seite
Automeris	*excreta* Draudt, 1929	Neotropic	Mexico	169	175
	exigua Lemaire, 1977	Neotropic	Kolumbien	158	164
	hamata Schaus, 1906	Neotropic	Kolumbien	171	177
	illustris Walker, 1855	Neotropic	Brasilien	163	169
	incarnata Walker, 1865	Neotropic	Venezuela	177	183
	io io Fabricius, 1775	Nearctic	USA	106	113
	iris Walker, 1865	Neotropic	Mexico	188	194
	janus Cramer, 1775	Neotropic	Venezuela	157	164
	larra Walker, 1855	Neotropic	Französisch Guayana	162	168
	maeonia Druce, 1897	Neotropic	Mexico	179	185
	meridionalis Bouvier, 1936	Neotropic	Venezuela	173	179
	metzli Sallé, 1853	Neotropic	Mexico	159	165
	metzli Sallé, 1853	Neotropic	Venezuela	160	166
	moresca Schaus, 1906	Neotropic	Venezuela	166	172
	naranja naranja Schaus, 1898	Neotropic	Paraguay	186	192
	randa Druce, 1894	Neotropic	Mexico	165	171
	styx Lemaire, 1982	Neotropic	Peru	185	191
	submacula Walker, 1855	Neotropic	Paraguay	190	196
	tridens Herrich-Schäffer, 1855	Neotropic	Costa Rica	170	176
	umbrosa lampei Lemaire, 2002	Neotropic	Paraguay	187	193
	zephyria Grote, 1882	Nearctic	USA	108	115
	zozine Druce, 1886	Neotropic	Mexico	181	187
	zugana Druce, 1886	Neotropic	Kolumbien	182	188
	zugana Druce, 1886	Neotropic	Costa Rica	183	189
	zurobara gadouae Lemaire, 1966	Neotropic	Venezuela	168	174-175
	zurobara zurobara Druce, 1886	Neotropic	Venezuela	167	173
Dirphia	*avia* Stoll, 1780	Neotropic	Ecuador	213	219
	lichyi Lemaire, 1971	Neotropic	Venezuela	212	218
	somniculosa somniculosa Cramer, 1777	Neotropic	Kolumbien	214	220
	tarquinia Cramer, 1775	Neotropic	Französisch Guyana	211	217
Dirphiopsis	*pulchricornis* Walker, 1855	Neotropic	Venezuela	217	223
Gamelia	*abasia* Stoll, 1781	Neotropic	Ecuador	198	204
	lichyi Lemaire, 1973	Neotropic	Venezuela	199	205
	septentrionalis Bouvier, 1936	Neotropic	Costa Rica	200	206
Hemileuca	*nevadensis* Stretch, 1872	Nearctic	USA	105	112
	oliviae Cockerell, 1898	Nearctic	USA	104	111
Hylesia	*nigricans* Berg, 1875	Neotropic	Argentinien	202	208
Hyperchiria	*orodina* Schaus, 1900	Neotropic	Paraguay	201	207
Leucanella	*aspera aspera* R. Felder & Rogenhofer, 1874	Neotropic	Argentinien	194	200
	leucane Geyer, 1837	Neotropic	Mexico	192	198
	lynx Bouvier, 1930	Neotropic	Peru	191	197
	memusae gardineri Lemaire, 1973	Neotropic	Paraguay	193	199
Lonomia	*achelous achelous* Cramer, 1777	Neotropic	Ecuador	156	163
	venezuelensis Lemaire, 1972	Neotropic	Venezuela	155	162
Molippa	*basina* Maassen & Weyding, 1885	Neotropic	Venezuela	205	211
	latemedia Druce, 1890	Neotropic	Peru	206	212
	nibasa Maassen & Weyding, 1885	Neotropic	Mexico	203	209
	simillima Jones, 1907	Neotropic	Peru	204	210
	superba superba Burmeister, 1878	Neotropic	Argentinien	207	213
Paradirphia	*boudinoti* Lemaire & Wolfe, 1990	Neotropic	Mexico	209	215
	*lasiocampin*a R. Felder & Rogenhofer, 1874	Neotropic	Mexico	210	216
	semirosea Walker, 1855	Neotropic	Mexico	208	214
Periphoba	*arcaei* Druce, 1886	Neotropic	Cosata Rica	215	221
	tarapoto Lemaire, 2002	Neotropic	Peru	216	222
Pseudautomeris	*grammivora* Jones, 1908	Neotropic	Argentinien	196	202
	luteata Walker, 1865	Neotropic	Paraguay	197	203
	salmonea Cramer, 1777	Neotropic	Venezuela	195	201
Pseudodirphia	*eumedidoides* Vuillot, 1892	Neotropic	Paraguay	218	224
Ludiinae					
Decachorda	*aspersa* Bouvier, 1927	Ethiopian	Tanzania	20	28
	rosea Aurivillius, 1898	Ethiopian	Zimbabwe	21	29
Goodia	*kuntzei* Dewitz, 1881	Ethiopian	Zimbabwe	18	27

	Art, Unterart	Faunenregion	Fundort	Tafel	Seite
Holocerina	*agomensis* Karsch, 1896	Ethiopian	Zimbabwe	11	22
	angulata Aurivillius, 1893	Ethiopian		12	22
	rhodesiensis Janse, 1918	Ethiopian	Zimbabwe	13	22
	smilax Westwood, 1849	Ethiopian	RSA	14	23-24
Ludia	*delegorguei* Boisduval, 1847	Ethiopian	RSA	6	18
	delegorguei vetusta Strand, 1911	Ethiopian	SWA	7	19
Micragone	*ansorgei* Rothschild, 1907	Ethiopian	Zimbabwe	15	25
	cana Aurivillius, 1893	Ethiopian	Zimbabwe	16	25
	herilla Westwood, 1849	Ethiopian	Sierra Leone	17	26
Orthogonioptilum	*incana* Sonthonnax, 1898	Ethiopian	Zimbabwe	19	27
Vegetia	*dewitzi* Maassen & Weyding, 1885	Ethiopian	RSA	8	20
	ducalis Jordan, 1922	Ethiopian	RSA	9	21
	grimmia Geyer, 1831	Ethiopian	RSA	10	21
Salassinae					
Salassa	*fansipana* Brechlin, 1997	Oriental	Vietnam	301	306
	thespis Leech, 1890	Oriental	Thailand	302	307
Saturniinae					
Actias	*artemis* Bremer, 1861	Palearctic	Süd-Korea	334	339
	dubernardi Oberthür, 1897	Palearctic	China	333	338
	gnoma Butler, 1877	Palearctic	»Japan«	330	335
	isabellae Graells, 1849	Palearctic	Spanien	329	334
	isis Sonthonnax, 1899	Oriental	Sulawesi	264	270
	luna azteca Packard, 1869	Neotropic	Nicaragua	225	231
	luna Linnaeus, 1758	Nearctic	USA	115	122
	luna truncatipennis Sonthonnax, 1899	Neotropic	Mexico	226	232
	maenas diana Maassen, 1872	Oriental	Malaysia	265	271
	maenas diana Maassen, 1872	Oriental	Sumatra	266	272
	rhodopneuma Röber, 1925	Oriental	Vietnam	267	273
	selene Hübner, 1806	Oriental	Indien	260	266
	selene Hübner, 1806	Oriental	Sri Lanka	261	267
	selene Hübner, 1806	Oriental	Malaysia	262	268
	selene ningpoana Felder, 1862	Oriental	Taiwan	263	269
	selene ningpoana Felder, 1862	Palearctic	China	332	337
	sinensis Walker, 1855	Palearctic	China	331	336
Agapema	*homogena* Dyar, 1908	Nearctic	USA	112	119
Antheraea	*castanea youngi* Watson, 1915	Oriental	Thailand	268	274
	cordifolia Weymer, 1906	Oriental	Sulawesi	269	275
	frithi pedunculata Bouvier, 1936	Oriental	Thailand	270	276
	halconensis Paukstadt & Brosch, 1996	Oriental	Philippinen	271	277
	helferi borneensis Moore, 1892	Oriental	Malaysia	272	278
	lampei Nässig & Holloway, 1989	Oriental	Sumatra	273	279
	larissa Westwood, 1847	Oriental	Thailand	274	280
	oculea Neumoegen, 1883	Nearctic	USA	114	121
	paphia Linnaeus, 1758	Oriental	Indien	275	281
	paukstadtorum Holloway, Naumann & Nässig, 1996	Oriental	Sulawesi	276	282
	pernyi Guérin-Meneville, 1855	Palearctic	Russland	323	328
	platessa Rothschild, 1903	Oriental	Thailand	277	283
	polyphemus Cramer, 1775	Nearctic	USA	113	120
	pratti Bouvier, 1928	Oriental	Sumatra	278	284
	rosemariae Holloway, Nässig & Naumann, 1995	Oriental	Sulawesi	279	285
	roylei korintjiana Bouvier, 1928	Oriental	Malaysia	282	288
	roylei roylei Moore, 1858	Oriental	Indien	280	286
	roylei roylei Moore, 1858	Oriental	Thailand	281	287
	suraka Boisduval, 1833	Ethiopian	Madagaskar	22	30
	yamamai Guerin-Meneville, 1861	Palearctic	Japan	324	329
Archaeoattacus	*edwardsii* White, 1859	Oriental	Indien	254	260
	staudingeri W. Rothschild, 1895	Oriental	Sumatra	255	261
Argema	*mimosae* Boisduval, 1847	Ethiopian	Zaire	23	31
	mimosae Boisduval, 1847	Ethiopian	RSA	24	32
	mittrei Guérin-Meneville, 1847	Ethiopian	Madagaskar	25	33
Athletes	*gigas* Sonthonnax, 1904	Ethiopian	Zimbabwe	88	95
	semialba Sonthonnax, 1904	Ethiopian	Tanzania	89	96

	Art, Unterart	Faunenregion	Fundort	Tafel	Seite
Attacus	*atlas* Linnaeus, 1758	Oriental	Taiwan	246	252
	atlas Linnaeus, 1758	Oriental	Sumatra	247	253
	atlas Linnaeus, 1758	Oriental	Simeulue	248	254
	caesar Maassen, 1873	Oriental	Philippinen	252	258
	erebus Fruhstorfer, 1904	Oriental	Sulawesi	253	259
	lorguinii C. & R. Felder, 1861	Oriental	Luzon, Philippinen	250	256
	lorguinii C. & R. Felder, 1861	Oriental	Palawan, Philippinen	251	257
	taprobanis Moore, 1882/83	Oriental	Sri Lanka	249	255
Aurivillius	*aratus* Westwood, 1849	Ethiopian	Kamerun	92	99
	fuscus Rothschild, 1895	Ethiopian	RSA	93	100
	triramis Rothschild, 1907	Ethiopian	RCA	94	101
Bunaea	*alcinoe* Stoll, 1780	Ethiopian	RCA	81	87-88
	alcinoe Stoll, 1780	Ethiopian	RSA	82	89
	alcinoe Stoll, 1780	Ethiopian	Äthiopien	83	90
	aslauga Kirby, 1877	Ethiopian	Madagaskar	84	91
Bunaeopsis	*licharbas* Maassen & Weyding, 1885	Ethiopian	RCA	41	49
Callosamia	*angulifera* Walker, 1855	Nearctic	USA	117	124
	promethea Drury, 1773	Nearctic	USA	116	123
	securifera Maassen, 1873	Nearctic	USA	118	125
Cinabra	*hyperbius* Westwood, 1881	Ethiopian	RSA	43	51
Copaxa	*decrescens* Walker, 1855	Neotropic	Venezuela	219	225
	escalantei Lemaire, 1971	Neotropic	Guatemala	222	228
	expandens Walker, 1855	Neotropic	Venezuela	223	229
	flavina flavina Draudt, 1929	Neotropic	Paraguay	224	230
	multifenestrata Herrich-Schäffer, 1858	Neotropic	Mexico	220	226
	multifenestrata Herrich-Schäffer, 1858	Neotropic	Costa Rica	221	227
Coscinocera	*hercules* Miskin, 1875	Australian	PNG	1	13
Cricula	*agria* Jordan, 1909	Oriental	Indien	294	300
	andrei Jordan, 1909	Palearctic	Bhutan	327	332
	jordani Bryk, 1944	Oriental	Vietnam	295	301
	trifenestrata javana Watson, 1913	Oriental	Sumatra	297	302
	trifenestrata javana Watson, 1913	Oriental	Java	298	303
	trifenestrata javana Watson, 1913	Oriental	Java	299	304
	trifenestrata trifenestrata Helfer, 1837	Oriental	Indien	296	301
Epiphora	*bauhiniae* Guérin-Meneville, 1829	Ethiopian	Namibia	27	35
	bauhiniae schultzei Aurivillius, 1905	Ethiopian	Tschad	28	36
	lugardi Kirby, 1894	Ethiopian	Äthiopien	29	37
	mythimnia Westwood, 1849	Ethiopian	RSA	30	38
	pelosoma Rothschild, 1907	Ethiopian	Tanzania	26	34
Eochroa	*trimenii* Felder, 1874	Ethiopian	RSA	38	46
Eupackardia	*calleta* Westwood, 1853	Neotropic	Mexico	245	251
Gonimbrasia	*alcestris* Weymer, 1907	Ethiopian	Tanzania	72	79
	belina cocaulti Darge & Terral, 1992	Ethiopian	Kenya	63	70
	belina Westwood, 1849	Ethiopian	RSA	62	69
	carnegiei Janse, 1918	Ethiopian	Zimbabwe	75	82
	conradsi Rebel, 1906	Ethiopian	Kenya	64	71
	cytherea Fabricius, 1775	Ethiopian	RSA	76	83
	cytherea Fabricius, 1775	Ethiopian	RSA	77	84
	dione Fabricius, 1793	Ethiopian	RCA	73	81
	eblis Strecker, 1877	Ethiopian	Kamerun	78	85
	gueinzii Staudinger, 1872	Ethiopian	RSA	74	81
	hecate Rougeot, 1955	Ethiopian	RCA	65	72
	hoehnelii Rogenhofer, 1891	Ethiopian	Tanzania	67	74
	jamesoni aethiops Rothschild, 1907	Ethiopian	Kamerun	79	86
	macrothyris Rothschild, 1906	Ethiopian	Zimbabwe	80	87
	occidentalis Rothschild, 1907	Ethiopian	Tschad	66	73
	tyrrhea (M) × *hoehnelii* (W)	Ethiopian	AAA	69	76
	tyrrhea Cramer, 1775	Ethiopian	RSA	68	75
	zambesina Walker, 1865	Ethiopian	Ost-Kenya	70	77
	zambesina Walker, 1865	Ethiopian	RSA	71	78
Gynanisa	*maja* Klug, 1836	Ethiopian	RSA	86	93
	maja Klug, 1836	Ethiopian	Kenya	87	94
Heniocha	*apollonia* Cramer, 1779	Ethiopian	RSA	90	97
	dyops Maassen, 1872	Ethiopian	RSA	91	98

	Art, Unterart	Faunenregion	Fundort	Tafel	Seite
Hyalophora	*cecropia* Linnaeus, 1758	Nearctic	USA	119	126
	columbia columbia S. I. Smith, 1865	Nearctic	Kanada	120	127
	columbia gloveri Strecker, 1872	Nearctic	USA	121	128
	euryalus Boisduval, 1855	Nearctic	USA	122	129
Imbrasia	*affinis* Bouvier, 1926	Ethiopian	Zimbabwe	56	63
	alopia Westwood, 1849	Ethiopian	RCA	59	66
	epimethea Drury, 1773	Ethiopian	Kamerun	54	62
	ertli Rebel, 1904	Ethiopian	Zimbabwe	55	63
	forda Westwood, 1849	Ethiopian	RSA	57	64
	truncata Aurivillius, 1909	Ethiopian	Kamerun	58	65
	wahlbergii Boisduval, 1847	Ethiopian	RSA	60	67
	wahlbergii callophthalma Rougeot, 1979	Ethiopian	Kenya	61	68
Lemaireia	*luteopeplus aureopeplus* Nässig & Holloway, 1988	Oriental	Thailand	300	305
Lobobunaea	*acetes* Westwood, 1949	Ethiopian	Sierra Leone	50	58
	angasana Westwood, 1849	Ethiopian	RSA	51	59
	goodii Holland, 1893	Ethiopian	Kamerun	52	60
	phaedusa Drury, 1782	Ethiopian	Sierra Leone	53	61
Loepa	*katinka* Westwood, 1848	Oriental	Indien	283	289
	megacore Jordan, 1911	Oriental	Sumatra	284	290
	megacore Jordan, 1911	Oriental	Malaysia	285	291
	microocellata Naumann & Kishida, 2001	Palearctic	China	336	341
	minahassae Mell, 1938	Oriental	Sulawesi	286	292
	miranda Moore, 1879	Oriental	Thailand	287	293
	obscuromarginata Naumann, 1998	Palearctic	China	335	340
Melanocera	*dargei* Terral, 1991	Ethiopian	RSA	39	47
	menippe Westwood, 1849	Ethiopian	RSA	40	48
Opodiphthera	*eucalypti* Scott, 1864	Australian	Neuseeland	4	16
	eucalypti Scott, 1864	Australian	Australien	5	17
	helena White, 1843	Australian	Australien	2	14
	janetta White, 1843	Australian	Australien	3	15
Perisomena	*caecigena* Kupido, 1825	Palearctic	Slowenien	318	323
	huttoni naessigi de Freina, 1992	Palearctic	Armenien	319	324
	huttoni naessigi de Freina, 1992	Palearctic	Türkei	320	325
	huttoni naessigi de Freina, 1992	Palearctic	Türkei	321	326
	huttoni shadulla Moore, 1872	Palearctic	Usbekistan	322	327
Pselaphelia	*flavivitta* Walker, 1862	Ethiopian	RSA	34	43
Pseudantheraea	*discrepans* Butler, 1878	Ethiopian	Cameroun	31	39-40
Pseudobunaea	*irius* Fabricius, 1793	Ethiopian	RSA	45	53
	irius Fabricius, 1793	Ethiopian	Kenya	46	54
	perchromatum Darge, 2003	Ethiopian	Tanzania	49	57
	tyrrhena maculata Bouvier, 1930	Ethiopian	Kenya	48	56
	tyrrhena tyrrhena Westwood, 1849	Ethiopian	RSA	47	55
Pseudoimbrasia	*deyrollii* Thomson, 1858	Ethiopian	RCA	85	92
Rhodinia	*fugax* Butler, 1877	Palearctic	Japan	326	331
	jankowskii Oberthür, 1881	Palearctic	Japan	325	330
	newara Moore, 1872	Oriental	Vietnam	288	294
Rohaniella	*pygmaea* Maassen & Weyding, 1885	Ethiopian	RSA	44	52
Rothschildia	*arethusa arethusa* Walker, 1855	Neotropic	Argentinien	237	243
	aurota aurota Cramer, 1775	Neotropic	Venezuela	242	248
	aurota speculifera Walker, 1855	Neotropic	Brasilien	243	249
	cincta cincta Tepper, 1883	Neotropic	Mexico	233	239
	cincta guerreronis Draudt, 1929	Neotropic	Mexico	234	240
	erycina erycina Shaw, 1796	Neotropic	Venezuela	228	234
	erycina erycina Shaw, 1796	Neotropic	Kolumbien	229	235
	hesperus hesperus Linnaeus, 1758	Neotropic	Venezuela	235	241
	jacobaeae Walker, 1855	Neotropic	Argentinien	227	233
	lebeau inca W. Rothschild, 1907	Neotropic	Kolumbien	232	238
	lebeau lebeau Guérin-Méneville, 1868	Neotropic	Venezuela	231	237
	lebeau yucatana Lemaire, 1971	Neotropic	Mexico	230	236
	orizaba equatorialis W. Rothschild, 1907	Neotropic	Kolumbien	239	245
	orizaba meridana W. Rothschild, 1907	Neotropic	Venezuela	240	246
	orizaba orizaba Westwood, 1854	Neotropic	Mexico	238	244
	roxana Schaus, 1905	Neotropic	Mexico	244	250
	schreiteriana Breyer & Orfila, 1945	Neotropic	Argentinien	236	242
	triloba W. Rothschild, 1907	Neotropic	Costa Rica	241	247

	Art, Unterart	Faunenregion	Fundort	Tafel	Seite
Samia	*canningi* Hutton, 1859	Oriental	Laos	256	262
	insularis Snellen van Vollenhoven, 1862	Oriental	Sumatra	257	263
	pryeri Butler, 1878	Palearctic	Japan	328	333
	tetrica Rebel, 1923	Oriental	Malaysia	258	264
	vandenberghi Watson, 1915	Oriental	Sulawesi	259	266
Saturnia	*albofasciata* J. W. Johnson, 1938	Nearctic	USA	111	118
	atlantica Lucas, 1848	Palearctic	Algerien	309	314
	boisduvalii Eversmann, 1847	Oriental	Vietnam	289	295
	boisduvalii Eversmann, 1847	Palearctic	Russland	314	319
	cachara Moore, 1872	Palearctic	China	312	317
	japonica Moore, 1862	Palearctic	Japan	315	320
	jonasii Butler, 1877	Palearctic	Japan	316	321
	lindia Moore, 1865	Oriental	Indien	290	296
Saturnia	*mendocino* Behrens, 1878	Nearctic	USA	109	116
	pavonia Linnaeus, 1758	Palearctic	Deutschland	304	309
	pavoniella Scopoli, 1763	Palearctic	Italien	305	310
	pavoniella Scopoli, 1763	Palearctic	Türkei	306	311
	pinratanai Lampe, 1989	Oriental	Thailand	291	296-297
	pyri Schiffermüller, 1776	Palearctic	Österreich	308	313
	simla Westwood, 1874	Oriental	Thailand	292	298
	simla Westwood, 1874	Palearctic	China	310	315
	simla Westwood, 1874	Palearctic	Bhutan	311	316
	spini Denis & Schiffermüller, 1775	Palearctic	Mazedonien	307	312
	thibeta Westwood, 1853	Oriental	Thailand	293	299
	thibeta Westwood, 1853	Palearctic	Bhutan	317	322
	walterorum Hogue & Johnson, 1958	Nearctic	USA	110	117
	zuleika Hope, 1933	Palearctic	China	313	318
Tagoropsis	*flavinata* Walker, 1865	Ethiopian	RSA	32	41
	hanningtoni Butler, 1883	Ethiopian	Zimbabwe	33	42
Ubaena	*fuelleborniana* Karsch, 1900	Ethiopian	Tanzania	42	50
Urota	*sinope* Westwood, 1849	Ethiopian	RSA	35	44
Usta	*terpsichore* Maassen & Weyding, 1885	Ethiopian	Zimbabwe	36	44
	wallengrenii Felder & Felder, 1859	Ethiopian	Namibia	37	45